高速 DSP 系统电磁兼容设计

[美] 塔恩T. 坦 (Thanh T. Tran) 著

关晓菡 译

机 械 工 业 出 版 社

本书系统地介绍了高速 DSP 系统中的电磁兼容设计方法。针对 DSP 系统在高速运行过程中经常出现的问题，如串扰、电磁辐射、电源干扰等，根据作者多年的实际工作经验给出了系统的解决方法，包括串联端接、电流回流路径设计、电源去耦、滤波器、PCB 设计等实用方法，覆盖了 DSP 系统设计的诸多方面，内容十分全面。这些方法大多来源于作者多年的实际工作经验，经实践验证是切实行之有效的，而并非仅仅基于理论分析或数据手册。书中没有烦琐的理论推导，仅仅通过简单的计算就可以得到实用的改进措施，并经仿真和实验证明取得了很好的效果。

本书是高速 DSP 系统设计人员不可多得的电磁兼容类参考书籍，也可以为其他高频电路的电磁兼容设计人员提供参考。

北京市版权局著作权合同登记　图字：01 - 2012 - 5076 号。

图书在版编目（CIP）数据

高速 DSP 系统电磁兼容设计/（美）塔恩·T. 坦（Thanh T. Tran）著；关晓菡译. —北京：机械工业出版社，2016.12
书名原文：High - Speed DSP and Analog System Design
ISBN 978-7-111-55360-1

Ⅰ. ①高…　Ⅱ. ①塔…②关…　Ⅲ. ①数字信号处理　Ⅳ. ①TN911.72

中国版本图书馆 CIP 数据核字（2016）第 271601 号

机械工业出版社（北京市百万庄大街 22 号　邮政编码 100037）
策划编辑：江婧婧　责任编辑：江婧婧
责任校对：肖　琳　封面设计：鞠　杨
责任印制：李　昂
北京中兴印刷有限公司印刷
2017 年 4 月第 1 版第 1 次印刷
169mm × 239mm · 9.5 印张 · 174 千字
0 001—3 000 册
标准书号：ISBN 978 - 7 - 111 - 55360-1
定价：65.00 元

凡购本书，如有缺页、倒页、脱页，由本社发行部调换

电话服务	网络服务
服务咨询热线：010 - 88361066	机 工 官 网：www.cmpbook.com
读者购书热线：010 - 68326294	机 工 官 博：weibo.com/cmp1952
010 - 88379203	金 书 网：www.golden - book.com
封面无防伪标均为盗版	教育服务网：www.cmpedu.com

译者序

近年来，数字信号处理器（Digital Signal Processor，DSP）的应用领域不断扩展，DSP系统设计方法得到越来越多的关注。但是DSP系统在高速运行过程中经常会遇到各种各样的电磁兼容问题，如串扰、电磁辐射、各种噪声、振荡、开关电源干扰等，为此，电磁兼容已经成为DSP系统设计过程中必须认真考虑的重要因素。采取适当的技术使DSP系统符合EMC标准，是研究设计人员应该具备的基本设计能力。

本书从各个方面论述了高速DSP系统中的电磁兼容设计方法，包括传输线效应、串扰效应、电源去耦、锁相环、模-数转换、模拟滤波器设计、存储器设计和PCB设计等，许多内容在其他高速DSP系统设计书籍中都是不曾涉及的，极具参考价值。不仅如此，书中提出的各种设计方法大多来源于作者25年来从事计算机和DSP系统设计的经验，以及作者在莱斯大学开设的系统设计课程，而并非局限于理论分析或摘引数据手册。书中避开了烦琐的理论推导，仅仅通过简单的计算就可以得到实用的改进措施，而且这些措施经仿真和实验证明都取得了很好的效果。许多章节给出了设计实例供读者参考，实用性强是本书的鲜明特色。希望本书的出版能够给高速DSP系统设计人员及其他高频电路设计人员提供电磁兼容方面的参考。

全书的翻译工作由关晓菡副教授完成，在翻译过程中得到了黄明老师的建议和帮助，在此表示衷心感谢。机械工业出版社的江婧婧编辑为本书的翻译出版做了大量工作，在此一并表示感谢。

由于译者的水平有限，翻译中难免有错漏和不妥之处，恳请读者批评指正。

关晓菡

2016年12月

原书前言

本书介绍了高速 DSP 及模拟系统的设计技术，书中着重分析了多年来工程师们经常遇到的一些可能引发噪声和电磁干扰的问题。书中的内容源自作者的高速 DSP 系统设计手册［德州仪器（TI）SPRU 889］、作者在莱斯大学（Rice University）的系统设计课程以及作者 25 年来从事计算机和 DSP 系统设计的经验。本书为正在从事这方面工作的工程师们提出了一些容易上手的实用性建议，主要包括以下内容：

• 有关成本—效益设计和系统仿真的一些建议，这些建议可以最大限度地减少后期设计成本和产品的出货延迟。

• 共 11 章便于读者阅读的内容。

• 着重讲述了一些优秀的高速模拟设计实践方法，可以将元器件和系统的噪声降到最低，并确保系统设计成功。

• 一些可用于指导整个设计过程的设计原则，有助于减小噪声和辐射，在提高质量和可靠性的同时避免一些常见问题。

• 关于音频、视频、模拟滤波器、DDR（Double Data Rate）内存和电源的手工设计实例。

本书所包含的模拟系统及其相关内容是在其他高速系统设计书籍中尚未见到的。

本书是专门写给在职工程师的参考书籍，其结构安排如下：

• 第 1 章：着重讲述了在设计视频、音频和通信系统过程中遇到的问题。

• 第 2 章：讲述了传输线理论与传输线效应。通过对信号完整性进行仿真和实验测试，给出了一些不同的信号终端匹配方案。

• 第 3 章：讲述了串扰效应和减小干扰的方法。

• 第 4 章：对线性电源和开关电源进行了回顾，强调了正确的电源排序方案和电源去耦的重要性。

• 第 5 章：讲述了电源去耦的分析方法和常用的去耦技术。

• 第 6 章：讲述了模拟锁相环（APLL）与数字锁相环（DPLL）的设计注意事项，以及如何防止噪声对锁相环的抖动造成影响。

• 第 7 章：对数据转换器、采样技术和量化噪声进行了综述。

• 第 8 章：讲述了模拟有源滤波器和模拟无源滤波器的设计方法，包括由单电源和双电源供电的运算放大器的设计。

- 第 9 章：提出了存储器子系统设计中应注意的问题，包括 DDR 概述、信号完整性和设计实例。
- 第 10 章：讲述了印制电路板（PCB）的板层设计和信号走线应注意的问题。
- 第 11 章：讲述了电磁干扰（EMI）源及如何减小电磁干扰。

致　谢

感谢我在德州仪器公司的那些同事们，是他们鼓励我写下了这部书稿；感谢 Kevin Jones 为验证一些理论概念和仿真结果在实验室所做的测试工作；感谢 Cathy Wicks 在许多方面给予的大力支持。还要特别感谢 Springer 出版社的 Jennifer Maurer 和 Jennifer Evans 给我写作本书的机会，感谢他们为本书所做的审阅工作并提出宝贵建议。没有这些杰出的人们的帮助与支持，本书是不可能完成的。

而且，我不知应该怎样感激我的兄弟 Nhut Tran，他花费了几周时间不知疲倦地审阅并编辑了本书的每一章。至于我的女儿 Lily Tran，在麻省理工学院几个月极其辛苦的工作之后放弃了圣诞假期的休息时间，主动审阅了整部书稿并完成了重要的录入工作。再次对 Nhut 和 Lily 所做的一切表示衷心的感谢！

最后，对于我的妻子 Nga，我一直感到非常惊讶，她怎么能在惠普公司承担一份非常辛苦的全职工作的同时仍有时间给我大力的支持并照顾我们的孩子。她确实是一个了不起的朋友，一个出色的十几岁孩子的母亲。

Thanh T. Tran

休斯顿，德克萨斯，2010

作者简介

塔恩 T. 坦博士在高速 DSP、计算机和模拟系统设计领域有着 25 年以上的工作经验，是德州仪器公司的一名工程部经理。目前持有 22 项专利，已发表超过 20 篇论文。同时他是莱斯大学的一名兼职教师，讲授模拟与数字嵌入式系统设计课程。塔恩 T. 坦博士于 1984 年在伊利诺伊州伊利诺伊大学香槟分校获电机工程学士学位，1995 年与 2001 年在德克萨斯州休斯顿的休斯顿大学分别获得电气工程硕士学位与电气工程博士学位。

目　录

第1章 DSP系统设计中的问题

随着DSP（Digital Signal Processor）的性能水平和时钟频率不断提高，噪声管理、辐射和功耗也变得越来越重要。在高频段，PCB上的信号走线作为传输线和天线会产生信号反射和辐射并引起失真，引发电磁兼容（EMC）问题，经常导致难以满足联邦通信委员会（FCC）的A级和B级[1]要求。在高性能设计中用于解决散热问题的散热片和通风装置也会使EMC问题进一步恶化。目前许多系统中都包含了嵌入式无线局域网（WLAN）和蓝牙，由于系统内有意设计的天线而使问题变得更加严重。

针对所面临的这些问题，有必要对传统的高速DSP设计过程重新加以考虑。在传统方法中，工程师们专注于功能和性能方面的设计。仅仅针对设计过程后期，如果在样机测试中发现了问题才对噪声和辐射加以考虑。但在目前，噪声问题变得越来越普遍，超过70%的新设计无法通过首次的EMC测试。因此，从设计过程一开始就着手解决这些问题就变得至关重要。在开发周期一开始就在使用低噪声、低辐射设计方法上投入少量的时间，可以最大限度地降低后期重新设计的成本、缩短产品发货日期的延迟，从而实现更具经济效益的设计。

1.1 高速DSP系统回顾

图1-1所示的典型DSP系统由许多外部设备组成，如音频CODEC、视频、LCD显示、无线通信（蓝牙、GPS、UWB以及IEEE 802.11）、以太网控制器、USB、电源、振荡器、存储器、内存以及其他支持电路。这些组件既可以成为一个噪声源，也可能受到相邻组件产生的干扰的影响。因此，为了最大限度地减小与组件和系统相关的噪声，确保系统设计成功，采用好的高速设计方法是十分必要的。

噪声源和受噪者之间的耦合产生了电气噪声。如图1-2所示是一个典型的噪声路径。噪声源通常是一个高速开关信号，受噪者是一个携带信号的组件。受噪者的性能会受到噪声的影响。通过寄生电容以及相邻信号和电路的互感产生耦

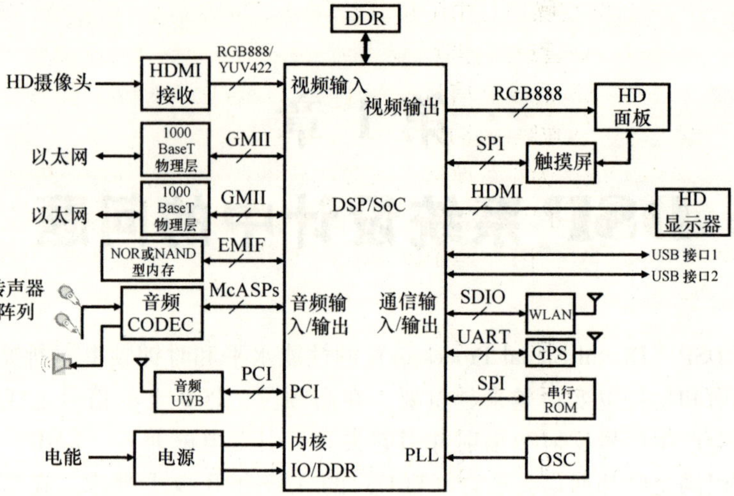

图 1-1　典型 DSP 系统

HD—高清（High Definition）　HDMI—高清晰度多媒体接口（High Definition Multimedia Interface）　CODEC—编码解码器　RGB888/YUV422—两种图像数据格式　1000 BaseT—1000 为速率，Base 表明使用的频率是基带，T 表明使用的介质是同轴电缆　GMII—千兆媒体独立接口（Gigabit Medium Independent Interface）　EMIF—外部存储器接口（External Memory Interface）　McASPs—复通道音频串行端口（Multichannel Audio Serial Port）　SPI—串行外设接口（Serial Peripheral Interface）　SDIO—安全数字输入输出接口（Secure Digital Input and Output）　UART—通用异步接收器 - 发送器（Universal Asynchronous Receiver - Transmitter）　OSC—振荡器（Oscillator）

图 1-2　典型的噪声路径

合。当信号走线变成了有效天线，向相邻的电路辐射并造成干扰，就产生了电磁耦合。

在电子系统中有许多可能产生噪声的机制。外部和内部的 DSP 时钟电路的翻转率通常是最高的，是高频噪声的主要来源。信号线端接处理不当可能会产生反射和信号失真。此外，信号走线、地线设置不合理，电源去耦不合理都可能产生较大的地线噪声、串扰和振荡。

噪声也可能在半导体器件自身内部产生[2]：

- 热噪声：也称为约翰逊噪声，存在于所有的电阻中，是由电子的随机热运动引起的。在音频和视频设计中，尽可能降低电阻值可以提高信噪比，使热噪声最小化。

• 散粒噪声：散粒噪声是由随机移动穿过二极管和晶体管入口的电荷引起的。该噪声与流过二极管或晶体管的直流电流成反比，因此提高直流工作电流可以提高信噪比。当 DSP 系统的信号通路中包括许多模拟分立器件时，例如分立音频和视频放大器，散粒噪声将成为一个重要因素。

• 闪烁噪声：也称为 1/f 噪声，出现在所有的有源器件中。随机捕获和释放电荷势垒的陷阱产生了闪烁噪声并引起随机的电流波动。闪烁噪声是半导体工艺技术中应考虑的问题，因此 DSP 系统设计无法从源头上减小它，而应当重点关注如何降低它的影响。

• 突发噪声和雪崩噪声：突发噪声，又称为爆米花噪声，是由离子污染引起的。雪崩噪声出现在类似齐纳二极管一样工作于反向击穿模式下的器件中。这两种形式的噪声也都是与半导体工艺技术有关，而与系统设计技术无关。

由于政府对电磁能的辐射量进行了监管，DSP 系统设计人员还必须考虑可能对环境产生的辐射噪声。辐射的主要来源包括在走线上传输的数字信号、电流回流环路面积、不合理的电源滤波或去耦方式、传输线效应以及缺少回流接地层等。同时要引起重视的是，在千兆赫速率下散热器和机箱的共振还会放大辐射。

DSP 系统中的噪声虽然无法消除，但可以使其尽可能小以确保不会影响系统中其他的电路。降低噪声的三种方法包括抑制干扰源、使相邻电路对噪声不敏感以及消除耦合通道。采用高速设计方法可以尽可能地减小与元器件和系统相关的噪声，同时可以提高系统设计成功的概率。本书对以上三个方面都将展开论述，通过故障分析提出从设计过程一开始就可以使用的指导方法，实现将噪声和辐射降低到可接受的水平。本文给出的对噪声敏感的接口实例主要集中于音频、视频、内存和电源方面。这些系统的性能主要受外围 DSP 电路以及这些电路与 DSP 接口方式的影响。

1.2　DSP 音频系统中的问题

音频系统是高速 DSP 设计中最难以解决的问题之一。这是因为即使是相对很小的噪声也经常会对最终的成品性能产生显著的影响。在音频捕获和回放过程中，音频性能取决于所使用的音频 CODEC 的质量、电源噪声、音频电路板的布局以及相邻电路间的串扰。同时，采样时钟的稳定性要非常好，以防止在播放和捕获过程中出现讨厌的咔咔声。图 1-3 给出了一个 DSP 音频设计的典型信号通路。大部分 DSP 都包括一个多通道缓冲串行口或 McBSP [3] 与外部音频 CODEC 相连接。尽管这是一个专用接口，但配置后可以与行业标准 I^2S 音频 CODEC 一起工作。

图 1-3 中从 ADC 到放大器级的所有模块都对噪声非常敏感，因此耦合到任

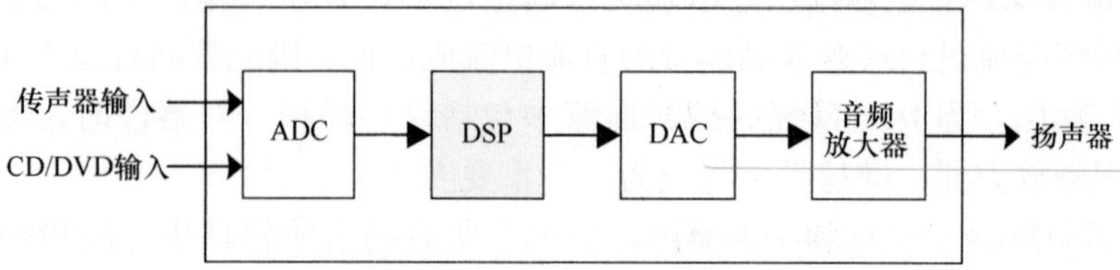

图1-3 DSP音频系统

一模块的任何干扰都将进一步传播并产生人耳可以听见的噪声。常见的音频设计问题包括：

- 耦合到传声器输入的噪声。传声器输入通常具有非常高的增益（+20dB），因此一点点噪声就会产生可以听见的声音。
- 在音频输入端未设置抗混叠滤波器。
- 增益级和幅度失配引起较大的失真。
- 音频时钟、位时钟和主时钟过度抖动。
- 未采用高水平的去耦技术和噪声隔离技术。
- 未采用高电源抑制能力的线性稳压器将音频CODEC与噪声隔离。
- ADC和DAC转换器参考电压未使用高质量的去耦电容。
- 开关电源的噪声耦合到音频电路中。
- 高阻抗音频走线与噪声开关电路相邻，在印制电路板（PCB）布局时却没有提供最短的电流回流路径使DSP和CODEC之间的电流回流环路最小。
- 模拟地和数字地没有隔离。

总之，良好的音频性能要求合理设计ADC、DAC、DSP接口、时钟、输入/输出滤波器、电源以及输出放大电路。所有这些电路的性能不仅取决于电路设计的好坏，还取决于地与电源是如何隔离的以及PCB是如何布线的。

1.3 DSP视频系统中的问题

视频处理是另一个对噪声和辐射高度敏感的重要的DSP应用领域。视频系统设计的主要问题之一是如何消除视频人为噪声，如彩色失真、60Hz噪声、由快速开关母线引起的可见高频干扰、音频节拍（时钟周期）等。这些问题通常与视频板设计不当或PCB布局不当有关。例如，电源噪声可能会进入到视频DAC输出端，音频回放可能会引发电源的过渡过程，高频辐射可能耦合回到调谐器。以下是一些常见的视频噪声问题：

- 由于信号端接处置不当在HSYNC、VSYNC以及像素时钟上引发信号完整性问题、过大的上冲和下冲。

• 由类似 PCI 的高速总线、并行视频接口（BT. 1120，BT. 656）以及 DDR 存储器产生的超强辐射。

• 过度的编码、解码和像素时钟抖动造成色彩信息检测问题。例如，彩色屏幕上仅显示黑白图像。

• 未连接视频端接电阻会导致视频图像失真。在视频解码器的输入端和视频编码器的输出端必须连接一个 75Ω 电阻。

• 音频回放可能使视频屏幕出现闪烁。可以通过增加视频电路与音频电路的隔离进行校正。最好的办法是利用高电源抑制比（PSRR）的线性稳压器隔离音频 CODEC 和视频编码/解码电源。同样，重要的走线要用手工布线，以使其远离任何开关信号，减少串扰和其他各种干扰。

• 被隔离的模拟地没有设置高速信号的回流路径。必须要牢记，对于一个 10Hz 以下的低速信号，电流通过最小的电阻回流，该回路通常就是最短路径。而对于高速电流，则从电感最小的路径回流，通常就在信号下面。

图 1-4 是一个典型的 DSP 高清（HD）视频系统，该系统对模拟视频信号、高清（HD）和标清（SD）信号进行捕获、处理并显示。该视频信号通道的品质，特别是视频输入级和视频输出级的品质，决定视频显示的性能。鉴于系统设计和布局的重要性，为了减少或消除视频人为噪声，有必要采用本书介绍的高速设计方法以减小开关噪声、串扰和电源过渡过程所产生的负面影响。由于噪声引起的抖动会增加误码率（BER），在该系统中，类似高清多媒体接口（HDMI）、数字视频接口（DVI）和显示接口（DP）的数字视频输入输出也对系统噪声高度敏感。与许多电子系统类似，噪声是无法完全消除的，但是优良的设计工艺可以减小噪声对性能可能产生的负面影响。

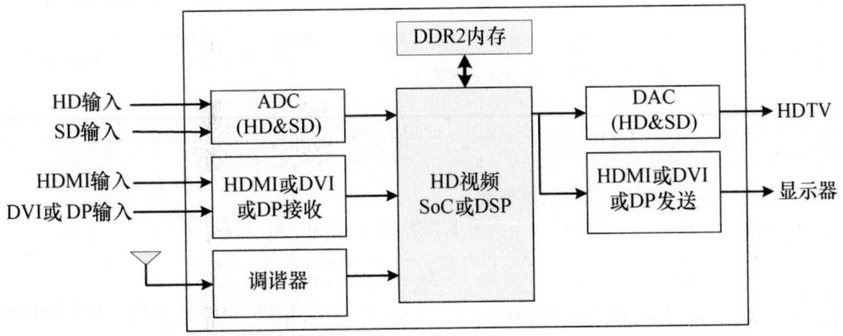

图 1-4　DSP 高清（HD）视频系统

在任何高清视频系统中，都有许多开关速率在 66MHz 甚至更高的宽带高速总线，这些总线产生的宽带噪声和谐波发出兆赫级的辐射。由于在 PCB 上有许多这样的总线，这类干扰非常难以控制，把每一根信号走线都从一点到另一点进行端接处理又是不现实的。好在为了尽可能减小干扰还是有一些好的设计方法可以遵循的。

1.4 DSP 通信系统中的问题

与视频和音频系统类似，通信是另一个对噪声和辐射高度敏感的重要的 DSP 应用领域。这类系统要解决的难题之一就是用多个功能强大高度集成的 DSP 建立极低误码率和极低干扰的高性能系统。在这些系统中，干扰不仅会引发 EMI 问题，还会阻塞其他通信信道，导致信道检测错误。通过采用适宜的 PCB 设计技术，屏蔽、隔离 RF 信号与模 - 数混合信号，可以把这类情况出现的频率降到最低。在某些情况下，可能还会需要一个扩频时钟发生器更进一步地降低干扰，提高信噪比。扩频时钟虽然可以降低辐射峰值，但是时钟的谐波分布在很宽的带宽范围内，会引起信道间的干扰，为此工程师们在采用此类时钟发生器电路时必须多加小心。表 1-1 给出了高速总线产生的谐波对嵌入式无限局域网（WLAN）的影响。一个通信系统的示例如图 1-5 所示，系统在同一块主板上同时应用了蓝牙和 IEEE - 802.11，同时工作在 2.4GHz 的 RF 频谱。最难以解决的问题是如何防止两个系统互相干扰以及如何防止高速总线（PCI Express、DDR2 和显示器）产生的辐射干扰嵌入式天线。运用本书中介绍的这些规则，工程师们可以提高设计成功的概率。

表 1-1　高速总线产生的干扰[4]

标准	无线网络	产生干扰的时钟和总线
蓝牙	个人局域网（2.4GHz 带宽）	千兆赫以太网、PCI Express、显示器时钟谐波
IEEE 602.11b/g	WLAN（2.4GHz 带宽）	千兆赫以太网、PCI Express、显示器时钟谐波
IEEE 802.11n	高速 WLAN（5GHz 带宽）	千兆赫以太网、PCI Express、显示器时钟谐波
IEEE 802.16e	移动宽带（Wi - Max，10 ~ 66GHz 带宽）	PCI Express、显示器谐波
IEEE 802.11a	WLAN（5GHz 带宽）	PCI Express、显示器谐波

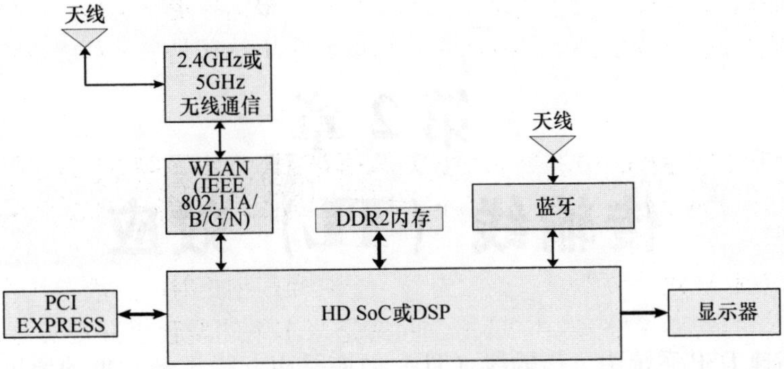

图 1-5　DSP 通信系统

参 考 文 献

[1] Federal Communication Commission (2005) Unintentional Radiators Title 47 (47CFR), Part 15 B.
http://www.fcc.gov/oet/info/rules/part15/part15-91905.pdf

[2] Hiers T and Ma R (1999) TMS320C6000 McBSP: I^2S Interface. Texas Instruments Inc's Application Report, SPRA595.

[3] Franco S (2002) Design with Operational Amplifiers and Analog Integrated Circuits. McGraw-Hill, New York.

[4] Nassar M, Gulati K, DeYoung M, Evans B, and Tinsley K (2008) Mitigating Near-field Interference in Laptop Embedded Wireless Transceivers. IEEE Journal of Signal Processing Systems.

第 2 章 传输线（TL）效应

在高速 DSP 系统中，传输线（TL）效应是引起噪声最常见的原因之一。何时走线会变成传输线以及传输线效应是如何影响系统性能的？一条经验法则是当走线上信号的上升时间（T_r）小于 2 倍的传输延迟（T_p）时，该走线就成为了传输线。例如，如果从源到负载的延迟时间是 2ns，则任何上升时间小于 4ns 的信号都将使走线成为传输线。在这种情况下，必须对端接进行处理以确保反射引起的上冲和下冲尽可能小。严重的传输线反射会引发电磁干扰以及随机逻辑或 DSP 误触发，从而导致设计可能无法获得 FCC 认证，或者无法在所有的工作条件下（如高温或过电压条件下）都能完成所有的功能。

传输线有两种，无损的和有损的。理想的无损传输线电阻为零，而有损传输线有一些小的串联电阻，会使传输信号产生失真和衰减。实际上，所有的传输线都是有损的。有损传输线的建模是一个难题，超出了本书的讨论范围。由于本书的重点仅仅在于讨论实际问题的解决方法，为了简化问题，假设传输线都是无损的。由于在 DSP 系统中，当工作频率小于 1GHz 时，与从模拟到数字再返回到模拟的整个信号链上的损耗相比，PCB 走线上的损耗是可以忽略不计的，因此这一假设是合理的。

2.1 传输线理论

一条无损传输线是由信号沿着走线传播形成的，由串联寄生电感和并联电容组成，如图 2-1 所示。

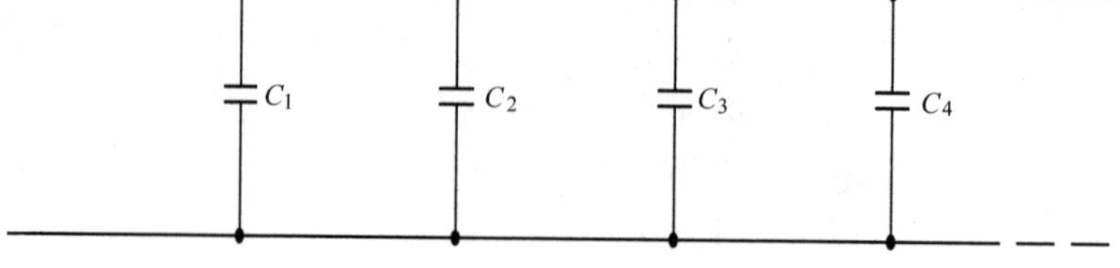

图 2-1 无损传输线模型

信号的速率 V_p 取决于特征阻抗 Z_0 的特性，Z_0 定义为某时刻的初始电压 V^+ 除以初始电流 I^+。式（2-1）和式（2-2）是 V_p 和 Z_0 的公式：

$$V_p = \frac{1}{\sqrt{LC}} \tag{2-1}$$

$$Z_0 = \sqrt{\frac{L}{C}} \tag{2-2}$$

式中，L 为单位长度上的电感；C 为电容。传输线的另一个重要特性是传输延迟 T_d。式（2-3）是 T_d 的公式：

$$T_d = \frac{1}{V_p} = \sqrt{LC} \tag{2-3}$$

传输线的源反射和负载反射分别取决于输出阻抗和负载阻抗与特征阻抗的匹配程度。源反射和负载反射的系数如式（2-4）、式（2-5）：

$$\Gamma_S = 源反射系数 = \frac{Z_S - Z_0}{Z_S + Z_0} \tag{2-4}$$

$$\Gamma_L = 负载反射系数 = \frac{Z_L - Z_0}{Z_L + Z_0} \tag{2-5}$$

式中，Z_S 和 Z_L 和分别为源阻抗和负载阻抗。

下面的例子是一个由3V信号源驱动的无负载的传输线特性。

例2.1：计算如下图2-2所示的传输线在开路负载终端的电压。

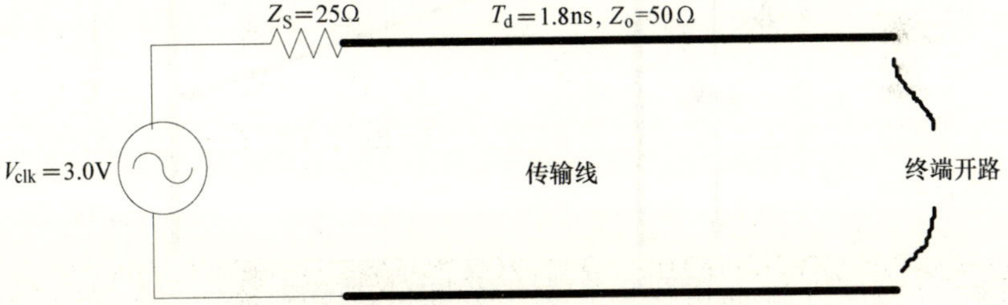

图2-2 终端开路的传输线

$$V_{initial} = V_{clk}\frac{Z_0}{Z_S + Z_0} = 3V\,\frac{50}{25+50} = 2V$$

$$\rho_S = \frac{Z_S - Z_0}{Z_S + Z_0} = \frac{25-50}{25+50} = -0.333$$

$$\rho_L = \frac{Z_L - Z_0}{Z_L + Z_0} = 1$$

在图2-3中，上冲电压可以用如下梯格图[1]计算。

$T_1 = 1.8$ns 时：$V_L = V_i + \rho_L V_i = 2V + 2V = 4.0V$

$T_2 = 3.6$ns 时：$V_S = 4.0V + \rho_S V_i = 4.0V - 0.67V = 3.33V$

$T_3=5.4\text{ns}$ 时：$V_L=3.33+\rho_L(\rho_S V_i)=3.33\text{V}-0.67\text{V}=2.66\text{V}$

$T_4=7.2\text{ns}$ 时：$V_S=2.66\text{V}+\rho_S[\rho_L(\rho_S V_i)]=2.66\text{V}+0.22\text{V}=2.88\text{V}$

$T_5=9.0\text{ns}$ 时：$V_L=2.88\text{V}+\rho_L(0.22)\text{V}=3.1\text{V}$

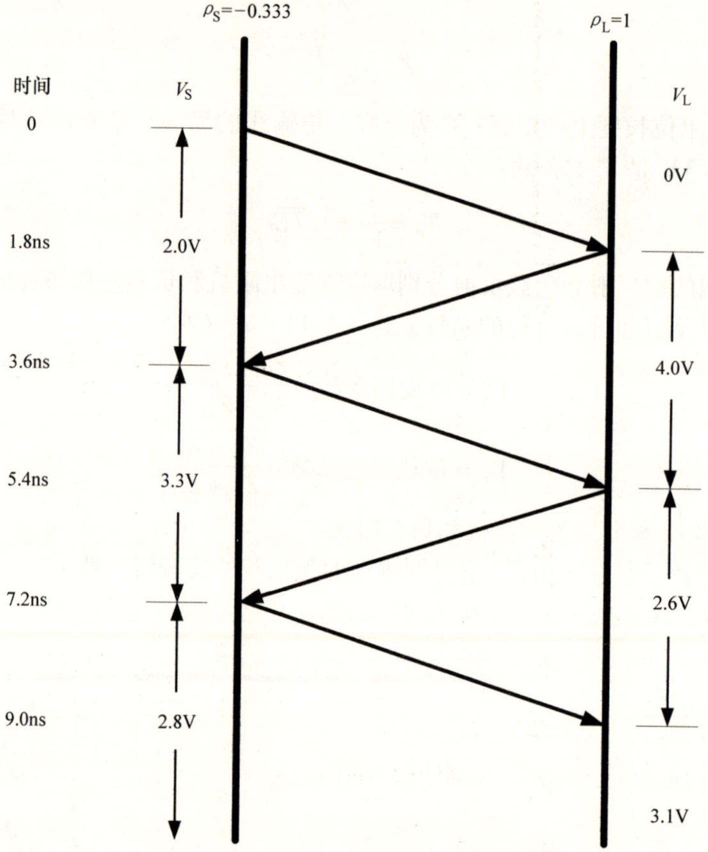

图 2-3　终端开路传输线的梯格图

如例 2.1 所示，3V 信号源经反射在负载端引起了高达 4V 的信号上冲，解释如下：

- 负载端在 T_1 时刻的初始电压取决于负载阻抗和传输线的特征阻抗，开路时负载阻抗无穷大。
- T_2 时刻反射信号到达源端，此时的电压值取决于源阻抗和传输线的特征阻抗。
- T_3 时刻反射信号又到达负载端，此时的电压值取决于 T_2 时刻的反射电压加上 T_3 时刻的反射电压。
- 这一过程一直持续下去，直到达到稳态。在本例中，在 T_5 时刻达到稳态，距 T_1 9ns，如图 2-4 所示。

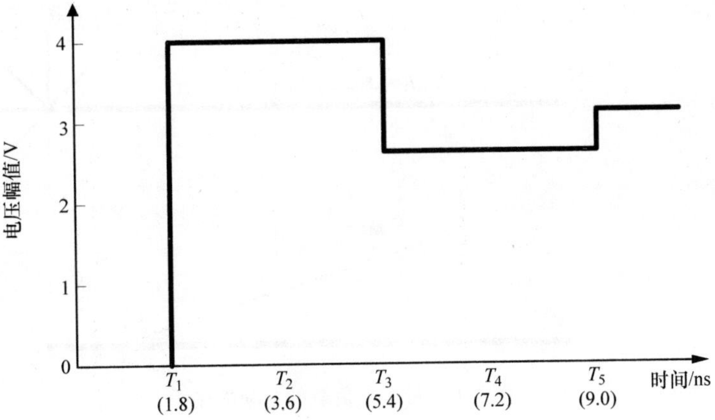

图 2-4　负载终端开路的电压波形

图 2-5 同时给出了对端接进行处理和未进行处理的电路在负载端的波形。如前例所示，端接处理的传输线反射系数为零，因此波形中没有出现振铃现象，如图 2-5 的右下图[㊀]所示。而问题在于在高速数字设计中，在负载端增加一个 50Ω 的接地电阻是不切实际的，这会导致每根传输线的缓冲电路的驱动电流过大。在本例中电流将达到 3. 3V/50Ω = 66mA。要解决这一问题可以采用一种并联端接技术。这种技术在负载端增加了一个小电容与电阻串联以阻断直流。该 RC 组合应远远小于信号在走线上传输的上升时间和下降时间。

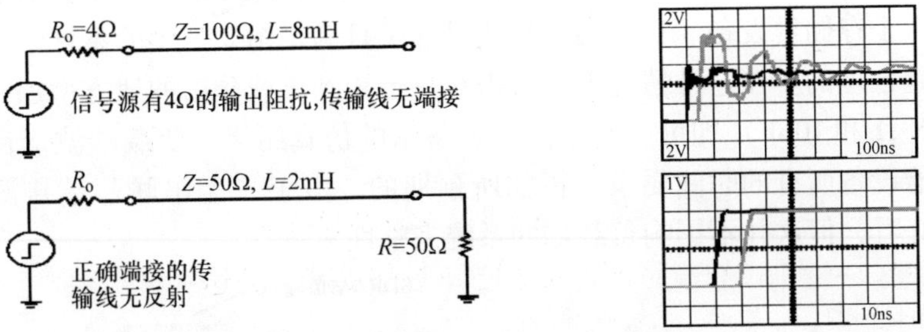

图 2-5　有端接和无端接的负载电压波形

图 2-6 所示为并联端接技术。该方法可以用于一个输出驱动多个负载的情况，只要到负载的走线 L_2 比总走线 L_1 短得多即可。

应用并联端接技术必须根据式（2-6）计算 L_2 的最大允许值，式（2-6）中假设总走线的 L_1 和上升时间 T_r 已知。

㊀　原书为“上图”。——译者注

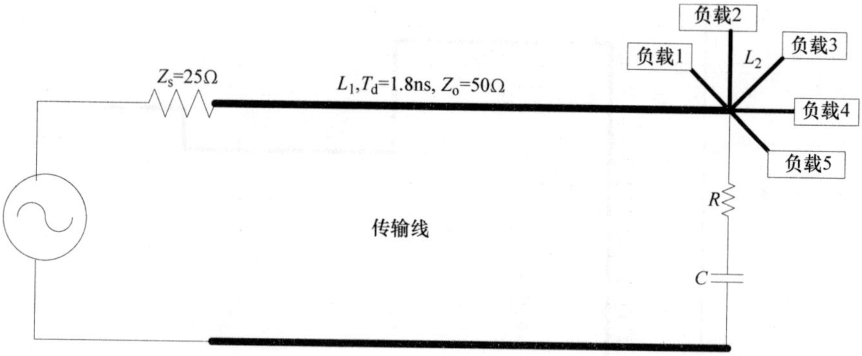

图 2-6　带多个负载的并联端接

$$L_{2,\max} = L_1^{\frac{T_r}{10}} \tag{2-6}$$

2.2　并联端接仿真

为了尽可能减小负载间的时钟偏差，设计者往往要使用一个时钟输出驱动多个负载，这就要用到并联端接技术。在这种情况下，源端的串联电阻限制了负载的驱动电流，同时增加的上升时间和下降时间又可能引起时序冲突。该仿真实例包括一条 6″走线（L_1）和两条 2″短线。DSP[2] 驱动总走线 L_1，每根 2″走线的末端连接一个存储器设备。只要两条短线足够短且满足图 2-7 中的条件，忽略短线的影响是合理的。在这种情况下，只需在总走线到负载分岔的地方增加一个并联端接（68Ω 和 10pF）即可。参考图 2-8 所示的仿真结果，负载端波形良好且满足存储器设备所有的时间要求。正如所预期的，由于“无串联”端接源端的波形不够好看，但这并不影响负载端的系统完整性。

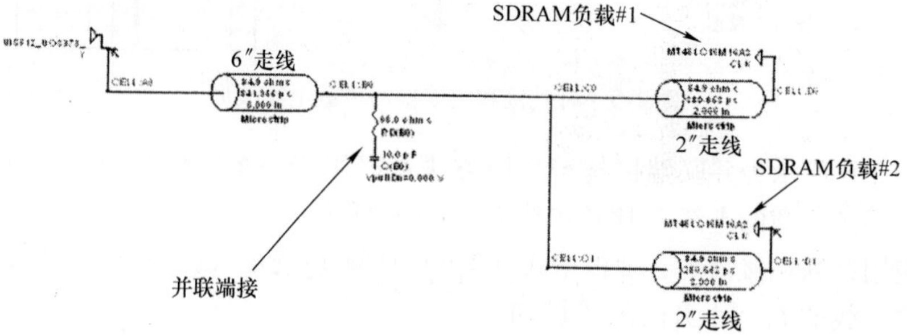

图 2-7　并联端接结构图

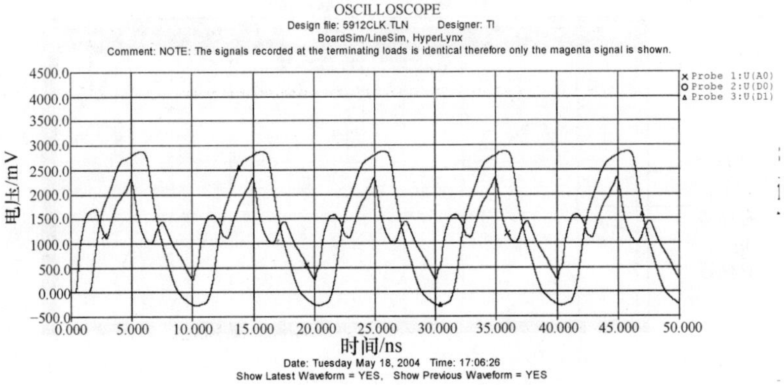

图 2-8 并联端接仿真结果

图 2-9 所示是一个时钟输出驱动两个负载的实例，两个负载以菊花链拓扑连接。从源到第一个负载（第 1 个 SDRAM）的距离与第一个负载到第二个负载（第 2 个 SDRAM）的距离相等。在这种情况下，来自第二个负载的反射信号使第一个负载处的时钟信号发生畸变。尽可能减小畸变的最好方法就是给第二个负载增加一个并联端接以减小阻抗不匹配，从而减小反射，如图 2-10 和图 2-11 所示。该系统在源端仍需要串联端接，以控制整个信号走线边沿的变化率。该电阻必须很小，以保证拉电流和灌电流足够驱动两个负载。在本例中，串联端接电阻为 10Ω。

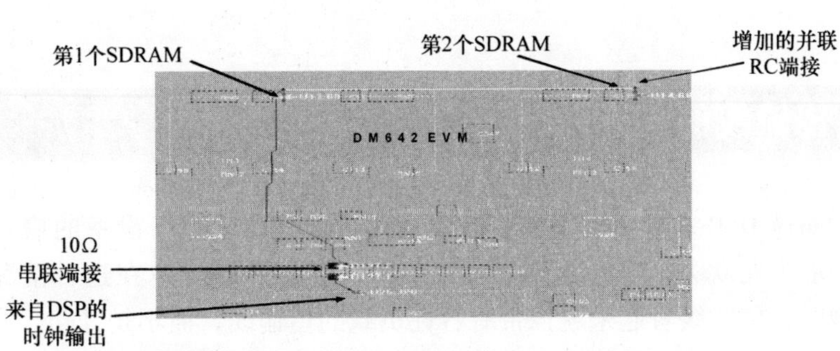

图 2-9 DSP 时钟驱动两个负载

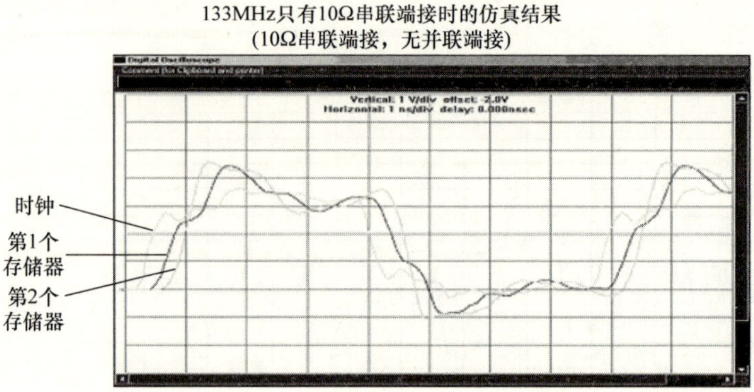

图 2-10　反射引起的时钟畸变

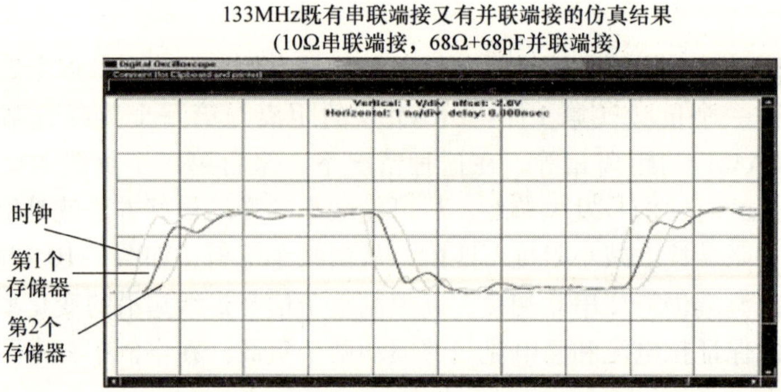

图 2-11　带并联端接的时钟波形

2.3　传输线的实际问题

通常高速 DSP 系统由许多 CMOS 设备组成，这些 CMOS 设备的输入阻抗非常高，一般为兆欧级，输入电容相对较小，一般小于 20pF。在这种情况下，终端无负载时，传输线看起来就像带有容性负载的传输线，而不是开路。容性负载有助于减小上升时间，从而允许设计者只在源端采用串联端接即可。这种方法在高速系统设计中十分常见。

在图 2-12 中，负载端的电压缓慢上升到时钟信号的最大幅值。起初，负载看起来像一条短路线。一旦电容完全充电，负载变为开路。源电阻 Z_S 控制着上升时间和下降时间。源电阻越大，会使上升时间越慢。在大于传输延迟时间的任

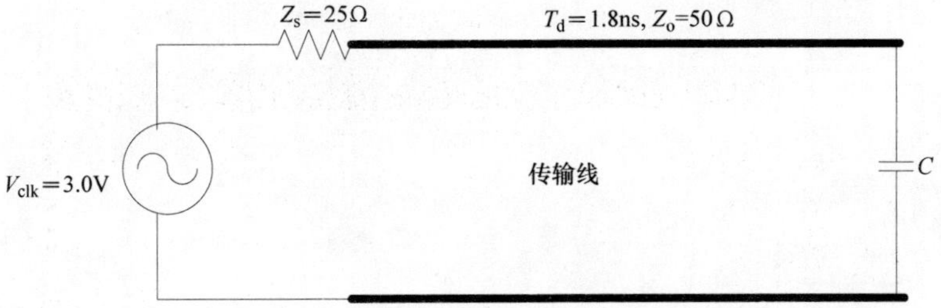

图 2-12　传输线的实际模型

一时刻 t，负载电压可以用式（2-7）计算：

$$V_L = V_{clk}(1 - e^{-(t-T_d)/\tau}) \tag{2-7}$$

式中，t 是大于传输延迟时间的某一时刻；$\tau = C_L Z_o$，C_L 和 Z_o 分别为负载电容和特征阻抗。

2.4　传输线的仿真结果与实验结果

2.4.1　无负载端接和源端接的传输线

一项众所周知的 PCB 分析技术是利用信号完整性软件对走线进行仿真。图 2-13 是仿真设置。

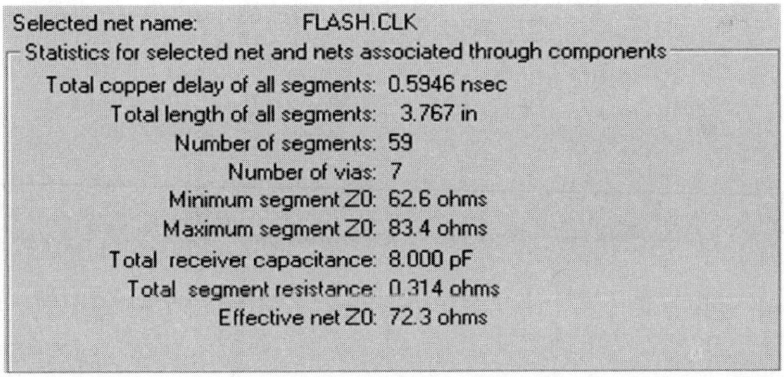

图 2-13　仿真设置

所选信号为 FLASH. CLK，是由 DSP 产生的时钟信号。图 2-14 是一个带 DSP 的实际 PCB，时钟由 U3 发出，在 U2 测量。

图 2-15 是 U2 点的仿真结果，图 2-16 是在实验室中由示波器测量的实际结果。

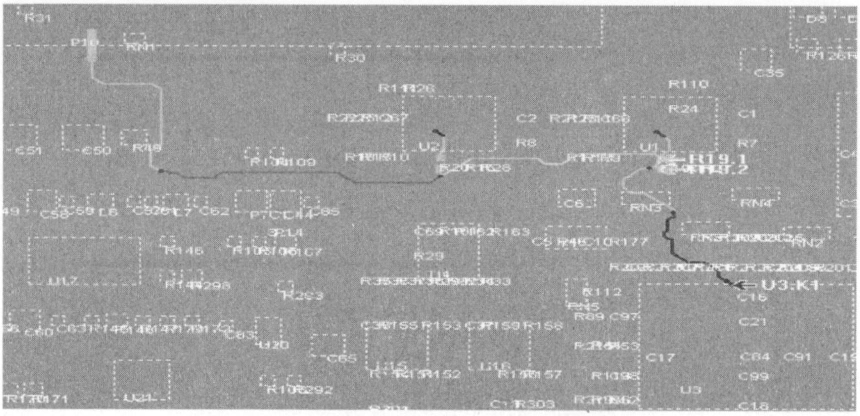

图 2-14　PCB 上的 FLASH. CLK 走线

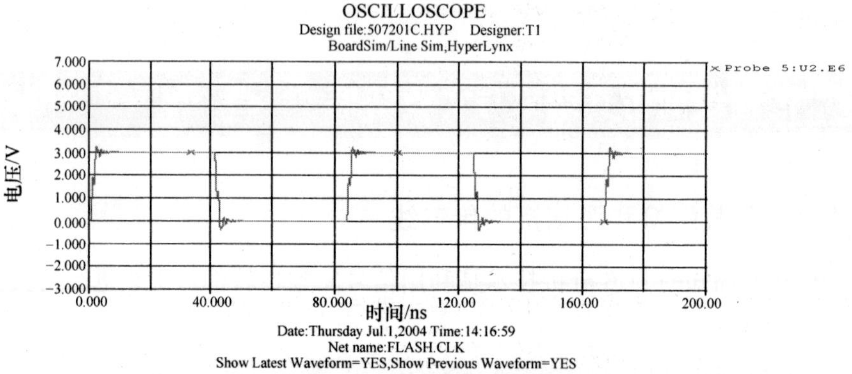

图 2-15　FLASH. CLK 的仿真结果

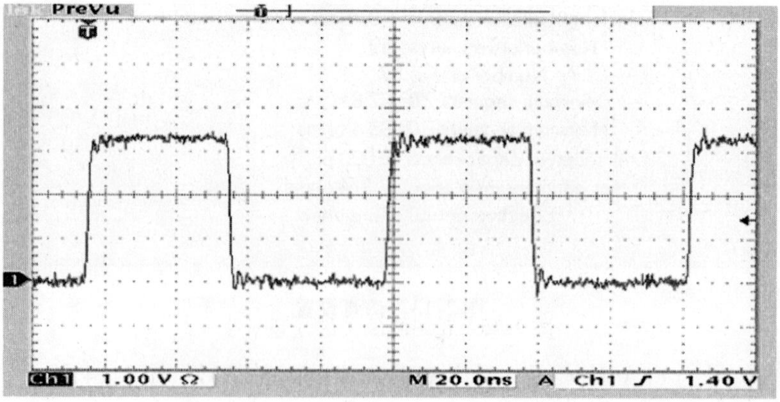

图 2-16　FLASH. CLK 的实验室测量结果

2.4.2　带串联源端接的传输线

如前所述，大部分高速系统设计中都会使用到这一技术。这是由于使用这种技术时仅仅通过调节串联端接电阻就可以使负载波形达到最优。又由于驱动电流的初始值受限于源电压的最大值除以特征阻抗，该技术还有助于减小动态功耗。图 2-17给出了由 DSP 外接的音频 CODEC 驱动的音频时钟的仿真设置。

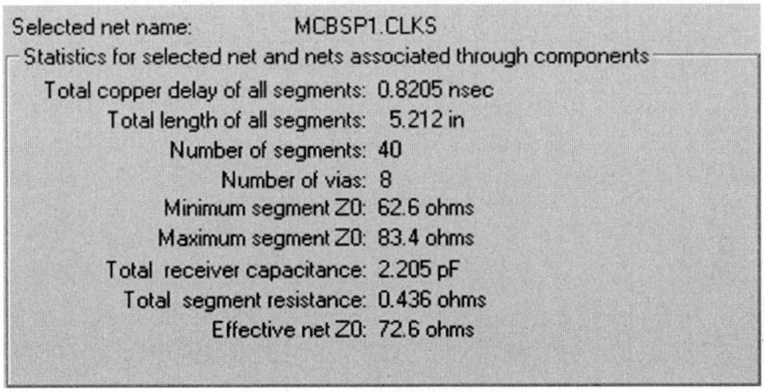

图 2-17　串联端接时钟设置

图 2-18 所示的音频时钟通过 U17 传输，由 U3 接收。设计中采用了 20Ω 的串联端接电阻，但在负载端无并联端接。从而验证了前面讨论的设计方法。

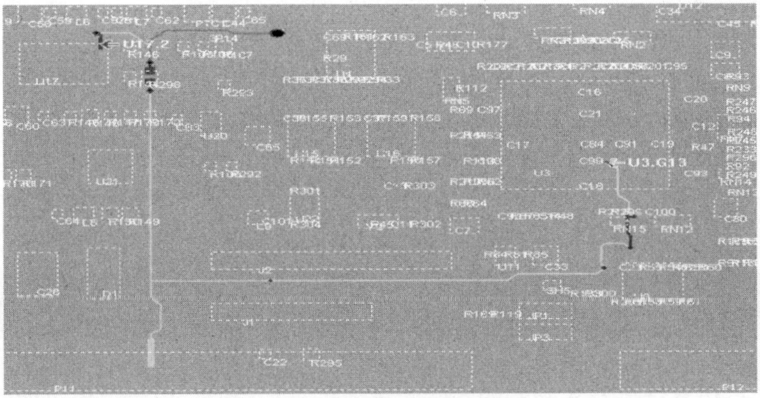

图 2-18　带串联端接的音频时钟

仿真结果如图 2-19 所示。

图 2-20 所示的实验室测量结果与仿真结果非常相似。调节 22Ω 的串联电阻可以降低上冲和下冲。不过由于上冲已经小于 0.5V，在本例中是可以接受的。

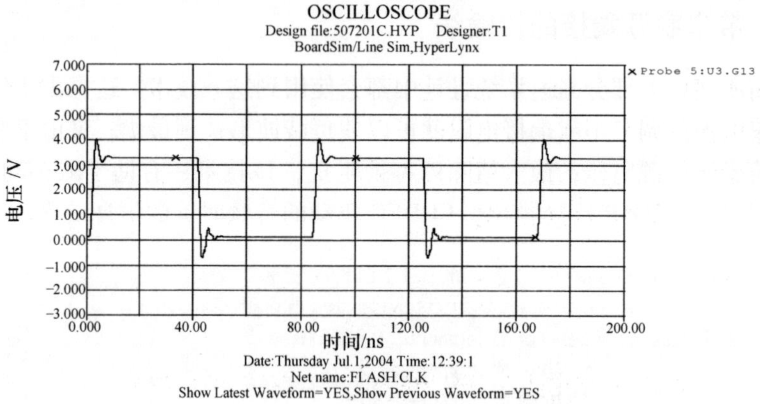

图 2-19 串联端接的仿真结果

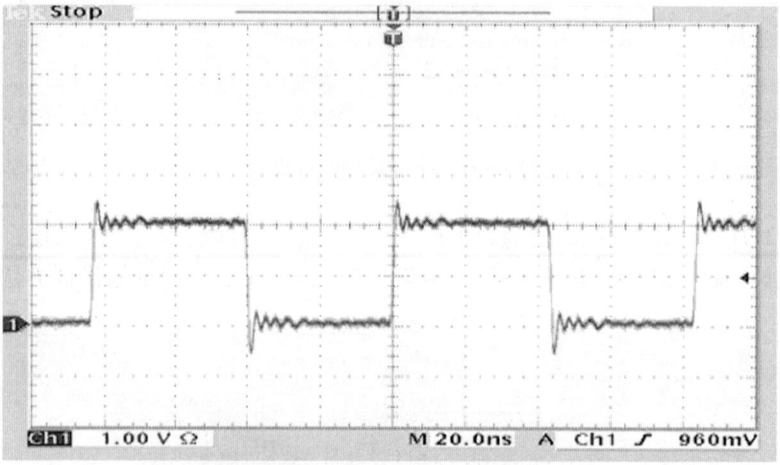

图 2-20 串联端接的实验室测量结果

2.5 地线网格对传输线的影响

综上，仿真结果与实验室的实际测量结果非常相似。由于反射可能引起随机的电路故障，并向电源层和地线层注入过度的噪声，同时产生电磁辐射，设计者必须了解传输线的特性并对走线进行端接处理以使反射最小化。

关于传输线还有最后一个问题需要讨论，前面的例子都是基于信号走线位于地线层之上的模型，称为微带模型；其他技术如地线网格，也经常用到。例 2.2 说明了地线网格产生的影响。在这种结构中，设计者必须了解电流的流动及其对特征阻抗的影响。

例 2.2：

图 2-21 是一个在 PCB 中使用地线网格代替地线层的例子。如图 2-21 中所示，由于电流的路径不在信号走线的正下方，因而形成了一个较大的电流回流环路，产生了较大的单位长度电感和较小的单位长度电容。在这种情况下，特征阻抗要高于使用连续地线层的情况。

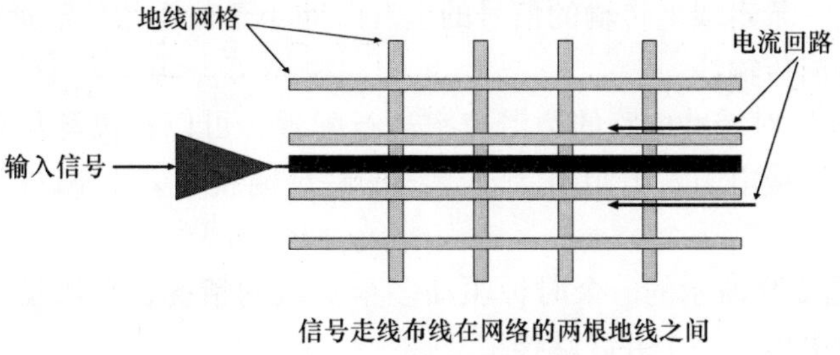

图 2-21　地线网格的电流回流路径

图 2-22 所示是使用地线网格的另一个例子，图 2-22 中信号线沿对角线方向布线，电流回流不得不沿着锯齿形的路径返回电源，从而形成了一个很大的电流回流环路，产生了更大的单位长度电感和更小的单位长度电容。在这种情况下，特征阻抗不仅比使用连续的地线层要高，比图 2-21 中信号线与地线网格平行布线的情况也要高。

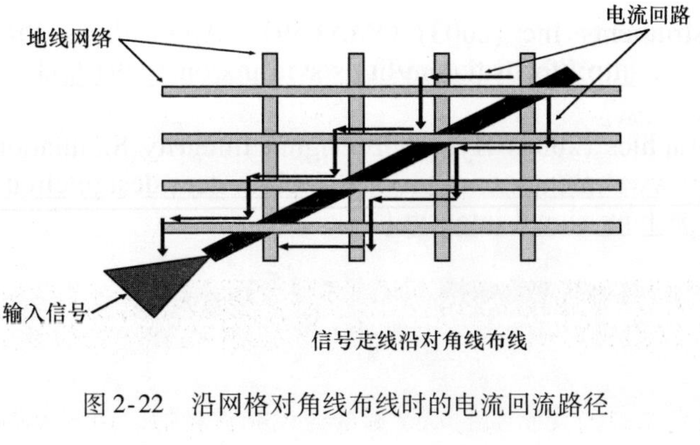

图 2-22　沿网格对角线布线时的电流回流路径

为此，如果在设计中要求使用地线网格，最好的办法是将高速信号线布线在网格的正上方并与网格平行，确保电流的回流环路最小。这种方法可以将特征阻抗减小到与使用连续地线层相等的水平。但是由于复杂的 PCB 上会有许多高速走线，这一点其实很难做到。为此连续的地线层仍然是保持低特征阻抗和低 EMI 的最好方法。

2.6 传输线效应最小化

如本章所述，传输线效应引起的信号畸变可能导致数字逻辑故障和电磁辐射。这些影响虽然无法完全消除，但是通过采用以下方法可以使其最小化：

- 只要不影响时间裕量，可以通过降低缓冲驱动强度减缓信号边沿的变化率。要记住当一条走线上传输的信号的上升时间小于往返的传输延迟时间时，这条走线就会变成传输线。
- 如果无法对缓冲电路的边沿速率进行配置，可以在离源尽可能近的地方增加一个串联端接电阻。电阻值等于走线的特征阻抗（Z_0）减去缓冲电路的输出阻抗。
- 对于图 2-9 所示的一个时钟驱动多个负载的情况，在源端增加一个串联端接，在负载端增加一个并联端接。
- 如果必须使用地线网格，将高速信号线与地线网格平行布线以减小电流回流环路。地线层总是要好于地线网格。

参 考 文 献

[1] Hall S, et al (2000) High Speed Digital System Design. John Wiley & Sons, New York.

[2] Texas Instruments Inc (2003) OMAP5912 Applications Processor Data Manual. http://focus.ti.com/lit/ds/symlink/omap5912.pdf.

[3] Mentor Graphics (2004) Hyperlynx Signal Integrity Simulation software. http://www.mentor.com/products/pcb-system-design/circuitsimulation/hyperlynx-signal-integrity/.

第3章 串扰效应

在任何电子系统中，要消除所有的噪声都是不现实的，也是不必要的，这是因为只要噪声没有对周围的电路产生影响，辐射的电磁能量没有超出FCC的限制，也没有影响到系统的性能，噪声也就不是一个问题。当噪声对其他电路产生影响时称为串扰。串扰可以通过电磁辐射或电气耦合进行传播，例如不期望的信号在电源层和地线层上传播，或者耦合到相邻的电路中。在目前的电子系统中，设计者面临的最难解决的问题之一是确定串扰源，特别是当串扰随机引起系统故障时就更加难以确定，这是由于元器件被非常紧密地安装在了一块非常小的印制电路板（PCB）上。本章将概括介绍串扰的机制以及使串扰效应最小化的设计方法。

3.1 电流的回流路径

在系统设计中，当电流的回流成为电磁耦合和电气耦合的主要干扰源时，了解电流的回流路径对于设计者是非常重要的。例如，数字信号的电流回流横穿过设计的模拟部分，在模拟信号中引发噪声，或者电流回流形成了较大的电流环路面积，对相邻的电路产生辐射。

电流回流的路径不尽相同，取决于电流的频率。高频电流趋向于集中在导体的表面，而并非一般认为的与低频电流一样在导体中均匀分布。这种现象称为趋肤效应，既改变了电流分布，也改变了导体电阻。由于趋肤效应，10MHz以上的信号从一条路径回流，而10MHz以下的信号往往会从另一条路径回流。低速信号的电流从电阻最小的路径回流，通常就是返回电源的最短路线，如图3-2所示。而在图3-1中，高速信号的电流则从电感最小的路径回流，通常就在信号走线的下方。对设计者而言，要优化系统设计减小串扰，了解电流的回流路径是非常重要的。

可以估算出电流的回流密度和串扰的大小，如图3-3和图3-4所示。根据公式可以看出，走线之间的距离以及走线平行布线的长度决定了串扰的大小。显

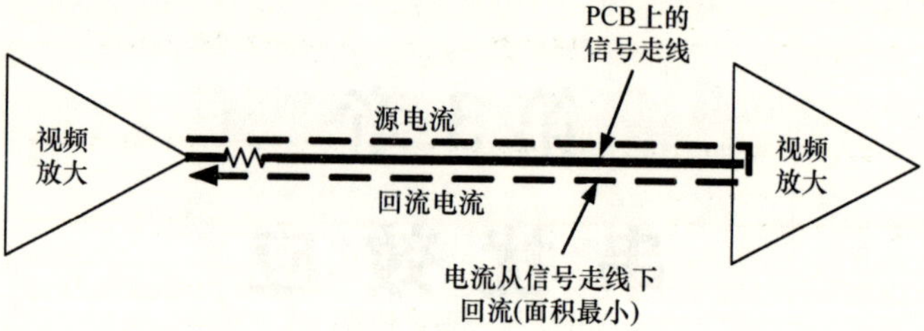

图 3-1 高频电流回流路径（ >10MHz）

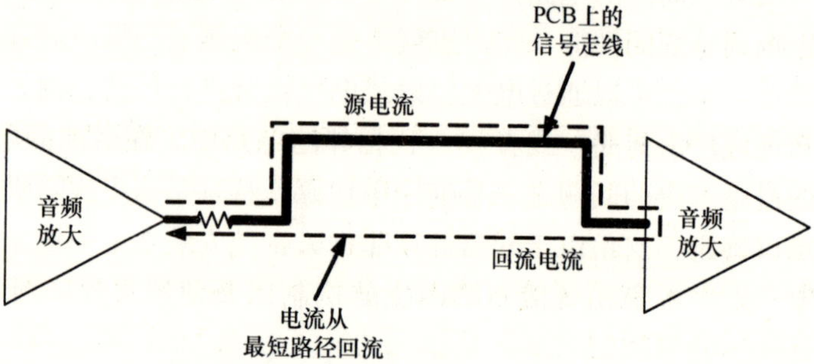

图 3-2 低频电流回流路径（ <10MHz）

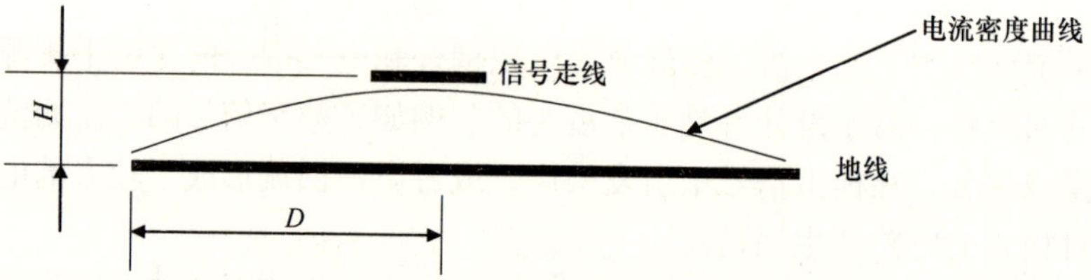

图 3-3 电流回流密度

然，将走线彼此远离可以减小串扰。

图 3-3 中回流电流的密度 I_D 为[1]

$$I_D = \frac{I}{\pi H} \frac{1}{1 + \left(\frac{D}{H}\right)^2} \tag{3-1}$$

式中，I 为信号电流。

图 3-4 中所示的串扰可以估算为[1]

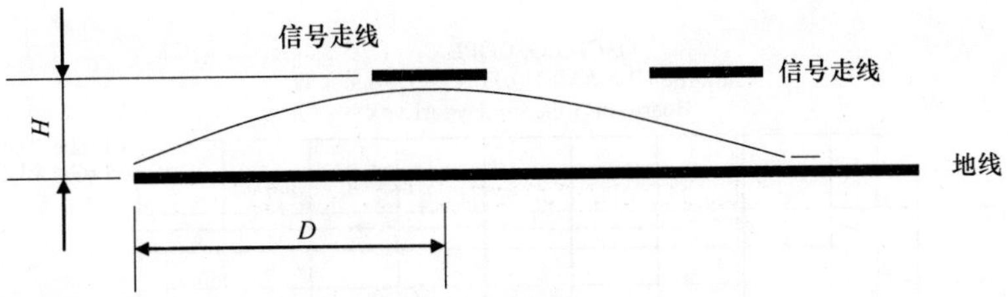

图3-4 串扰估算

$$串扰 = \frac{K}{1+\left(\frac{D}{H}\right)^2} \tag{3-2}$$

式中，D 为走线之间的距离；H 为信号到参考层的高度；K 为小于 1 的耦合系数。

串扰有两种形式，前向串扰和后向串扰。前向串扰，也称为容性耦合串扰，发生时电流的流动方向与信号源的方向相同；而后向串扰，也称为感性耦合串扰，发生时电流的流动方向与信号源的方向相反。

下面的仿真结果[2]验证了通过增加干扰源走线和受扰走线之间的间距可以减小前向串扰和后向串扰的观点。该模型仿真了两根 5mil㊀宽，12in㊁长的平行走线。走线的源端与 DSP 连接，负载端与 DDR 存储器连接。如图 3-5 所示，D0 线是干扰源走线，D1 线是受扰走线。

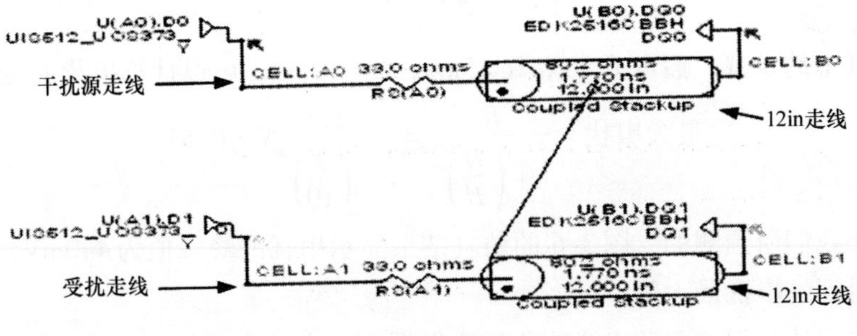

图3-5 串扰仿真设置

图3-6 给出了仿真结果。在受扰走线上，第一个负脉冲，峰值为–200mV，是前向串扰。240mV 的正脉冲是后向串扰。后向串扰的宽度大约是耦合区的 2 倍。在本例中，耦合区为 3. 54ns，仿真结果则显示了一个 4ns 的后向串扰脉冲。

㊀ 1mil – 25. 4 × 10^{-6}m。

㊁ 1in = 0. 025 4m。

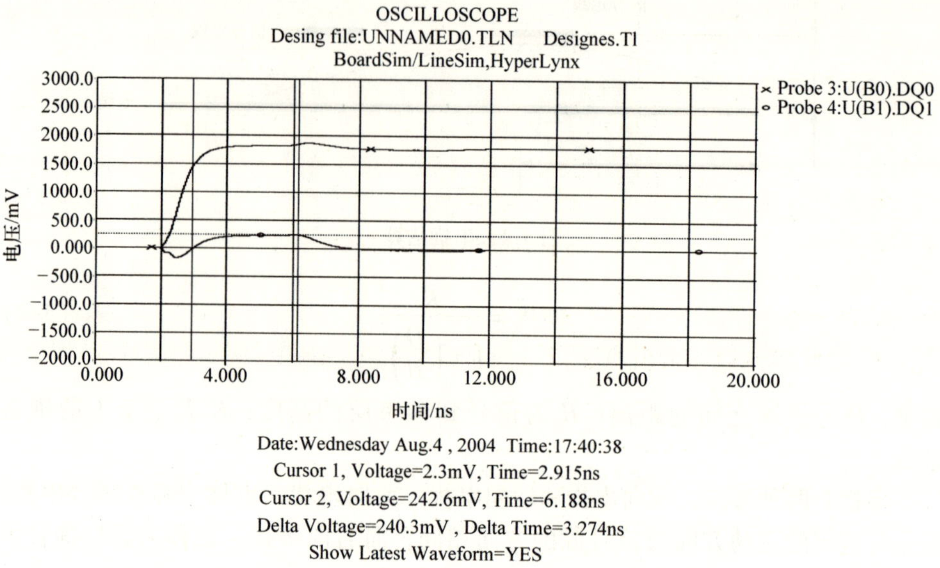

图 3-6　5 mil 线间距时的串扰仿真结果

串扰公式（3-2）为

$$\frac{K}{1+\left(\frac{D}{H}\right)^2}$$

按照仿真中的设置，假设 $K=1$，$D=5\text{mil}$，$H=10\text{mil}$，可以计算串扰的最大值：

$$\text{最大串扰}=\frac{K}{1+\left(\frac{D}{H}\right)^2}=\frac{1}{1+\left(\frac{5}{10}\right)^2}\text{V}=0.8\text{V}$$

正如我们所预测的，图 3-6 的仿真结果显示串扰的峰峰值为 440mV，远远小于估算得到的串扰最大值。

现在，让我们把两条走线彼此放置得更远一点，令 $D=15$ mil，在这一条件下再次进行测试。此时估算得到的最大串扰为 0.3V，而图 3-7 的仿真结果显示正向串扰为–100mV，反向串扰为 90mV。串扰的峰峰值约为 190mV，再次远远小于计算得到的最大值 300mV。仿真结果表明上文提供的经验方法对串扰的估算值过大。

综上，由于涉及许多复杂的容性和感性耦合路径，要对系统中的串扰进行精确的计算和仿真是不可能的。实例表明很难对串扰进行估算和仿真，同时也说明了调节相邻信号的间距对串扰产生的影响。在设计方案最终敲定之前需要对以下

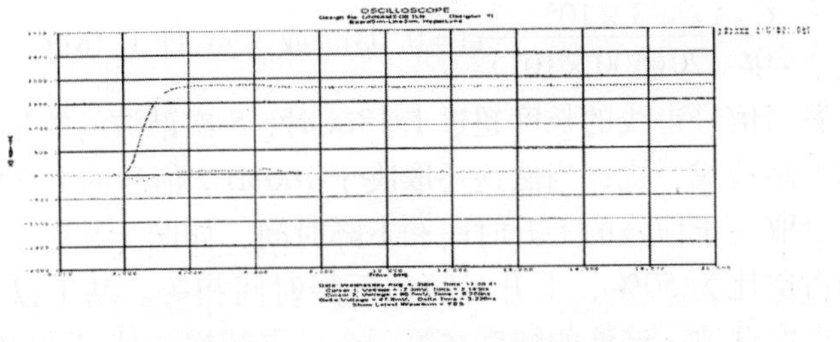

图 3-7　15 mil 线间距时的串扰仿真结果

几点加以考虑：

- 设计 PCB 时，要使高速信号的布线层和接地层之间的高度 H 尽可能小，H 越小产生的串扰越小。
- 使信号之间的间距 D 尽可能大，D 越大产生的串扰越小。
- 在 PCB 布局时，要对重要的信号进行分析，并使耦合区域尽可能小。
- 如有可能，减缓边沿的变化率，可以减小串扰。

3.2　辐射引起的串扰

当高速信号的走线变成了事实上的天线时，也可能引起串扰。要判断一条走线是否变成了天线，第一步是按照下式（3-3）计算信号的波长：

$$\lambda = \frac{C}{f} \tag{3-3}$$

式中，C 为光速或 $3\times10^8\mathrm{m/s}$；f 是以赫兹为单位的频率。

上式（3-3）表明一个 100MHz 的时钟信号波长为 3m 或 9.84ft[㊀]。使辐射最小化的一个好方法就是确保走线的长度不超过波长除以 20。因此对于 100MHz 时钟信号，应使信号线的长度低于 0.15m 或 0.492ft。使走线低于 0.5ft 很容易做到，但是方波时钟信号是由多次谐波组成的，即使在走线很短的情况下，每次谐波也仍有可能产生辐射。下面是一个例子。

例 3.1：

令 f=500MHz，即 100MHz 时钟的 5 次谐波。

$$\lambda = \frac{C}{f} = \frac{3\times10^8}{500\times10^6}\mathrm{m} = 0.6\mathrm{m}$$

判断时钟走线何时会变成有效天线的经验法则是用波长除以 20。500MHz 时钟谐波对应的最大走线长度为

㊀　1ft = 0.3048m。

$$\frac{C}{20f}=\frac{3\times10^{8}}{20(500\times10^{6})}\text{m}=0.03\text{m 或 3cm, 即 1.18in}$$

这就意味着当信号走线的长度超过 1.18in 时，5 次谐波的能量就可能会产生辐射并对相邻电路造成干扰，当然这还取决于 100MHz 信号的上升时间和下降时间。谐波的能量取决于信号的上升时间和下降时间，如图 3-8 所示。图 3-8 中假设时钟波形的占空比为 50%，上升时间和下降时间相等。基于以上假设，时钟信号中只存在奇次谐波。谐波的幅度在第一个极点频率 f_1 处以 20dB/十倍频程的速率开始衰减，在第二个极点频率 f_2 处衰减速率增加到 40dB/十倍频程。f_1 和 f_2 的计算公式为

$$f_1=\frac{1}{P_{\text{w}}} \tag{3-4}$$

式中，P_{w} 是波形的峰值时间。

$$f_2=\frac{1}{\pi T_{\text{r}}} \tag{3-5}$$

式中，T_{r} 是波形的上升时间。

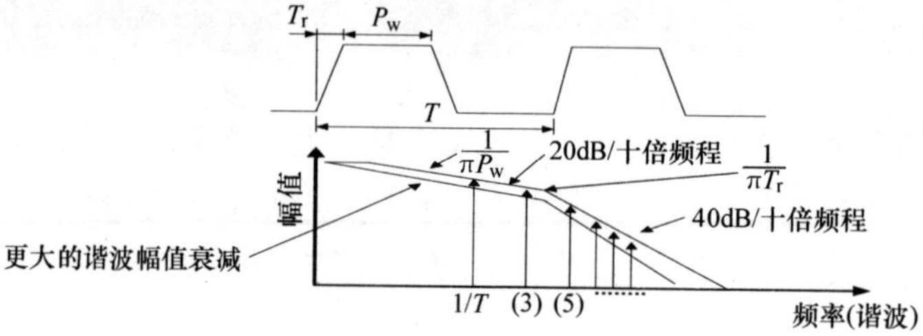

图 3-8 时钟信号产生的辐射

为了说明一个数字时钟波形是如何产生串扰并降低了时移系统的视频品质[3]，让我们看一下图 3-9 所示的系统框图，系统中许多重要的元器件都布放在同一块 PCB 上。在该设计中，时钟信号从 18.4MHz 到 100MHz，通过布线连接到所有的子系统（调制解调器、音频 CODEC、视频编码器/解码器、CPU、MPEG 编码以及 MPEG－2 解码）。

图 3-9 所示时移系统的运行步骤如下：

- 如图 3-10 所示，视频调谐器从天线接收射频（RF）信号，解调射频信号，对其转换到基带频率。
- 射频解码器接收来自调谐器的基带视频信号，对信号进行数字化处理，为数字信号压缩做准备。分辨率为 640×480 30 帧/s 的模拟电视频道的视频数据速率约为 147Mbit/s（数据速率 =640×480×16bit/像素×30 帧/s =147Mbit/s）。
- 由 CPU 运行一个高级操作系统，处理所有的视频和音频数据。CPU 捕获

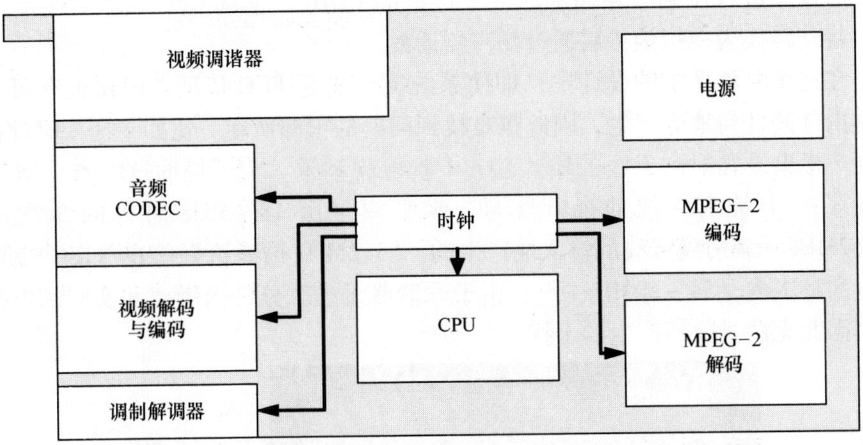

图 3-9 时移系统

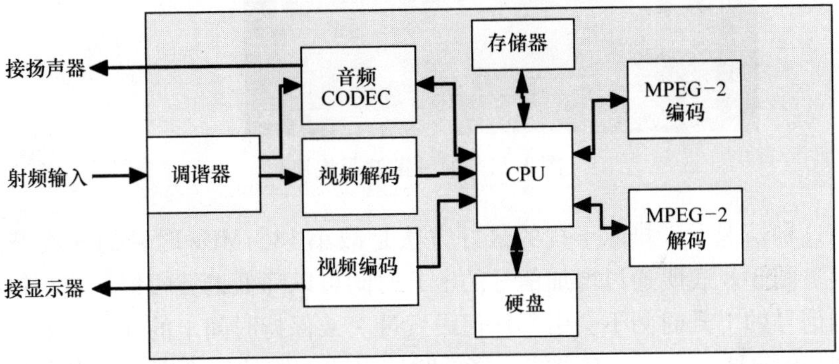

图 3-10 时移系统的数据流

数字视频数据，并将其存储到类似 DDR 的外部存储器中。

CPU 将存储在存储器中的数字视频数据传输到 MPEG－2 编码器[4]。编码器将数据从 147Mbit/s 压缩到 2Mbit/s 的比特率，并将压缩后的比特率送回到外部存储器。压缩后的数据随后被送到硬盘存储。

- CPU 从硬盘读取压缩数据，将数据送到 MPEG－2 解码器[4]。解码器将数据从 2Mbit/s 比特率解压缩还原为 147Mbit/s 比特率，并送至视频编码器。编码器将数字解码数据转换为模拟信号，在电视屏幕上显示。
- 时移系统中的调制解调器在这里是用来与服务供应商的服务器进行通信的，要求提供电视指南和软件更新。
- 音频 CODEC 负责对接收到的来自调谐器或外部音频设备的模拟音频信号进行数字化处理。数字音频信号的处理方式与数字视频信号的处理方式相同，同样要对数据进行压缩、存储和回放。这里的 CODEC 也从 CPU 接收数字音频数据，将其转换为模拟信号后通过扬声器播放。

在这个时移系统的设计中，即使系统完全满足 FCC 认证，串扰也有可能在系统内部的任何地方产生，因此很难找到问题的根源所在。比如，任一时钟都有可能产生谐波辐射到天线的输入端，干扰电视频道。为了说明这一点，图 3-11 给出了一个带水平线的视频屏幕，水平线是由 18.4MHz 时钟的 3 次谐波（55.2MHz）辐射到天线的输入端产生的。55.2MHz 谐波恰好落在 NTSC㊀频谱 2 频道的范围内（54 ~ 60MHz）[5]，由于调谐器无法区分带内噪声和实际的电视信号，因此无法排除所产生的干扰。

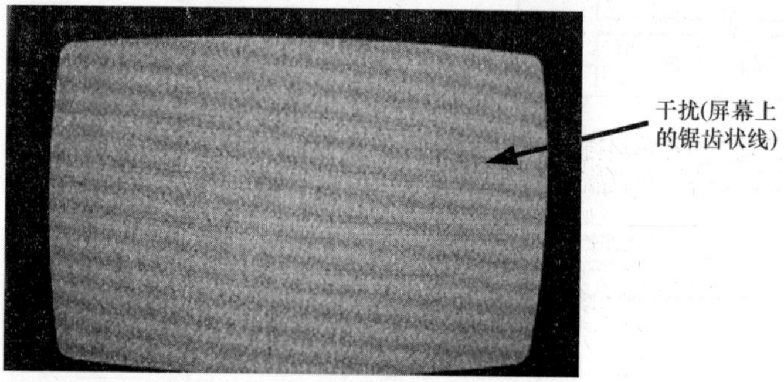

图 3-11　时钟谐波干扰视频

在这种情况下，排除干扰的最好方法是减小 18.4MHz 时钟的 3 次谐波的辐射能量。图 3-8 表明通过增加信号的上升时间可以降低谐波幅值，减小辐射，假设增加信号的上升时间不会引起任何设置冲突或保持时间上的冲突。要改善了上升时间㊁有两种方法，如有可能，降低时钟缓冲电路的转换率，或者在时钟缓冲电路的输出端增加一个串联端接电阻，如图 3-12 所示。

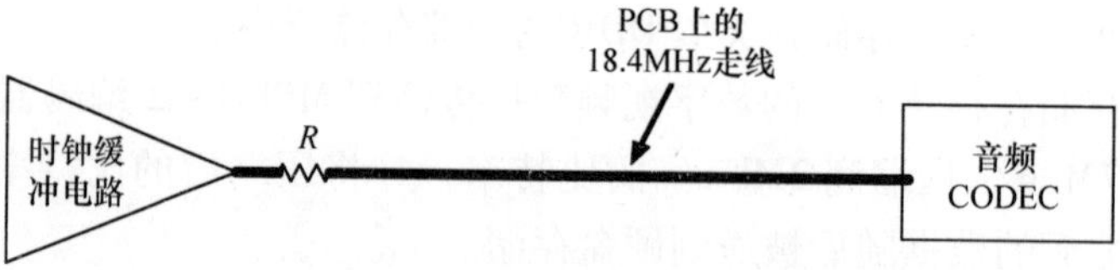

图 3-12　18.4MHz 时钟走线

很难通过计算得到电阻 R 的阻值，因此最好的方法就是调节电阻值直到显示器上的噪声不再出现。在这一点上测量 18.4MHz 时钟的上升时间和下降时间，

㊀ National Television Standards Committee 的缩写，即（美国）国家电视标准委员会。——译者注

㊁ 原文为 reduce the rise - time。——译者注

确保改善上升时间和下降时间㊀没有引起任何时间冲突。图 3-13 是一个设计实例，用一个 75Ω 的串联端接电阻改善了上升时间㊁，消除了图 3-11 中的干扰。

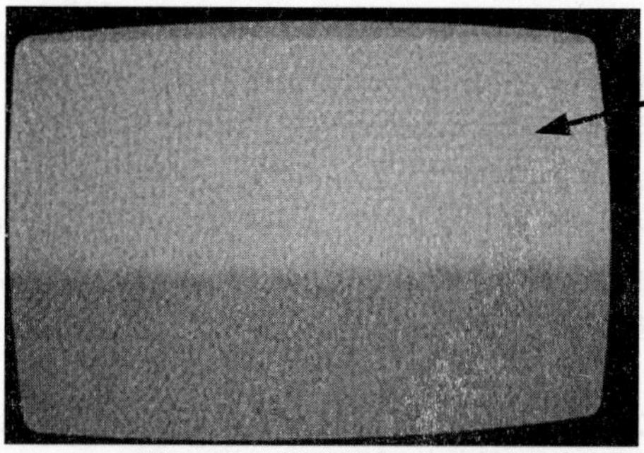

图 3-13 通过增加上升时间减小干扰

3.3 小结

正如在 3.1 节和 3.2 节中所强调的，电流的回流路径和信号的上升时间是产生串扰的主要原因，串扰会干扰邻近电路，引发随机的系统故障或者降低系统性能。

- 如有可能，减慢上升时间和下降时间。增加上升时间可以减小谐波的功率谱密度，如图 3-8 所示。
- 尽可能缩短高速信号的走线，确保其长度小于信号 3 次谐波和 5 次谐波的波长除以 20。
- 在时钟信号的源端一定要增加一个串联端接，如图 3-12 所示。该方法有助于减小传输线效应，必要时还可以改善上升时间。
- 高速信号在布线时要远离任何重要的高阻抗走线。高阻抗走线是指视频和音频放大器的输入走线。同时，为了减少走线间的耦合，彼此之间至少要留有一个走线的宽度，例如，一条 5mil 的走线应与另一条走线之间至少留有 5mil 的间隙。
- 使串扰最小化的最好方法是将时钟发生器布局在系统的中间，如图 3-9 所示。这样可以确保时钟走线到所有其他部分的布线最短。
- 降低辐射功率峰值的另一个方法是使用扩频时钟发生器，但要注意由这些时钟缓冲器件所产生的抖动。例如，在一个扩频时钟缓冲器中[6]，将扩频设置为 +/−2%，7 次谐波的幅值可以衰减 −13dB。但该设置带来的问题在于 100MHz 时钟的输出抖动将增加 529ps。如果抖动增加后仍在 DSP 时钟输出允许的范围内，那么这种解决问题的方法就是可以接受的。

㊀ 原文为 reducing the rise and fall - times。——译者注

㊁ 原文为 reduce the rise time。——译者注

参 考 文 献

[1] Johnson H, Graham M (1993) High-Speed Digital System Design. Prentice Hall, New Jersey.

[2] Mentor Graphics (2004) Hyperlynx Signal Integrity Simulation software. http://www.mentor.com/products/pcb-system-design/circuitsimulation/hyperlynx-signal-integrity/.

[3] TIVO DVR. http://www.tivo.com/dvr-products/tivo-hd-dvr/index.html.

[4] International Organization for Standardization (2000) Information Technology—Generic Coding of Moving Pictures and Associated Audio Information: Video. ISO/IEC 13818-2:2000.

[5] Standard NTSC Channels & Frequencies. http://radiotechnicalservices.com/tvchannels.pdf.

[6] Texas Instruments Inc (2009) Spread Spectrum Clocking Using the CDCS502/503 Application Report, SCAA103. http://focus.ti.com/lit/an/scaa103/scaa103.pdf.

第 4 章

电源设计中的问题

在高速 DSP 设计中，在控制噪声与辐射的整个过程中，电源设计可能是最难以把握的一部分。这主要是由于动态负载的切换过程十分复杂，这些过程包括 DSP 进入或脱离低功率模式，由总线竞争以及去耦电容充电引起的过大的浪涌电流，由于去耦不充分或布局不合理引起的过大的电压跌落，使线性稳压器输出过载的振荡现象，由开关电压调节器产生的较大的电流开关噪声等。为了确保系统的稳定性，所有的 DSP 系统都需要一个干净的、稳定的电源设计。本章指出了合理的电源设计的重要性，并提出了使噪声最小化的方法。

4.1 电源结构

在 DSP 系统中使用的电源通常有两种类型：线性电源和开关电源。线性电源是模拟音频、视频和数据转换电路实现低噪声设计的最佳结构。这种结构的不足之处在于其功率效率较低且存在散热问题。如图 4-1 所示，线性电源主要由两级组成，输入/输出晶体管和误差放大器。电路中输入直流电压必须高于输出电压，输入电压的最小值则取决于所选取的元器件。因此，对于设计者而言，仔细研究电源说明书，合理设置输入电压值和输出电压值就显得十分重要。

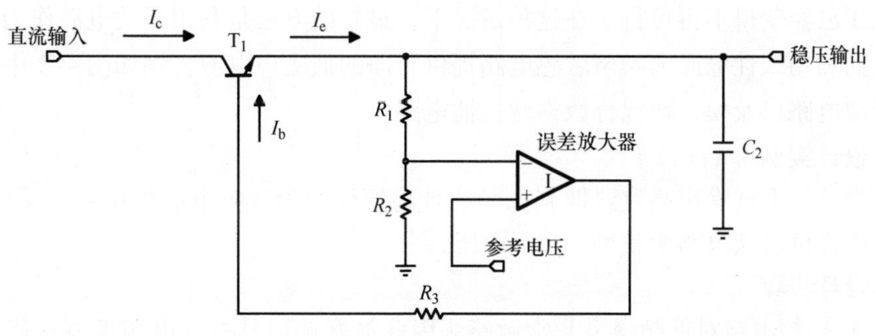

图 4-1　线性电源结构

图 4-1 所示电路的工作方式如下：

- 晶体管 T_1 工作在线性区，发射极电流 I_e（输出电流）由基极电流 I_b 和晶体管的增益 β 控制。

$$I_e = I_c + I_b \tag{4-1}$$

$$I_c = I_b\beta \tag{4-2}$$

将式（4-2）代入式（4-1）得到

$$I_e = I_b\beta + I_b \tag{4-3}$$

- 如果电流负载变大，输出电压下降，则设置成负反馈电路的误差放大器将电阻 R_1 与 R_2 分压后的输出电压与参考电压相比较，驱动更大的基极电流 I_b 以维持输出。如式（4-3）所示，输出电流 I_e 将随着基极电流 I_b 的增加而增加。
- 如果电流负载变轻，输出电压上升，误差放大器的输入端将输入更大的负电压，降低基极电流，从而降低输出电流，对系统的输出再次进行调节。

与其他任一反馈系统类似，如果输入电压和负载电流发生变化，则需要一段时间系统才能稳定下来，这段时间通常会在数据手册的瞬态响应部分给出详细说明。线性稳压器的主要问题是晶体管 T_1 在输出电流较大时的功耗问题。该功耗为

$$P_{T_1} = (V_{in} - V_{out}) \times I_e \tag{4-4}$$

例如，在设计实例 4.1 中，若输入电压为 12V，输出电压稳定在 5V。对于 1A 的输出电流，晶体管 T_1 的功耗为

$$P_{T_1} = (12 - 5) \times 1\text{W} = 7\text{W}$$

该功耗会产生大量的热，使元器件的工作温度上升，以致必须使用散热片才能将器件温度保持在最高允许极限温度以下。随着 DSP 性能的不断提高，所要求的电流也不断增大，同时系统变得越来越小，这导致使用线性稳压器产生所有的电源电压已经变得不再可行。在这种情况下，最好的方法是利用开关电源作为主电源，而利用线性电源为噪声敏感电路提供干净的低噪声电源，例如图 4-2 中所示的模拟电路以及模 - 数混合数据转换器电路。

设计实例 4.1：

设计一个低噪声高纹波抑制比的线性稳压器，为音频电路提供一个 +5V 电压，假设可以从电路中获得 +12V 电压。

设计步骤：

- 音频电路对低频噪声非常敏感，因此最好选用具有高电源抑制比以及具有外部调节引脚的稳压器，以便于进一步去耦。为此，我们选用 LM317。
- 在 LM317 的数据手册中指出[1]，若用 10μF 的电容为调节引脚去耦，该

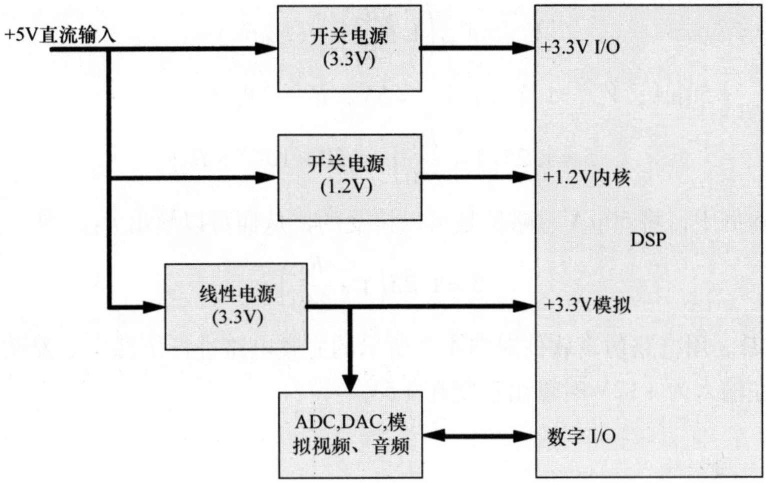

图 4-2　DSP 系统的电源结构

器件可以满足最低 62dB 的纹波抑制要求。

- 图 4-3 给出了数据手册中推荐采用的完整的 LM317 电路。

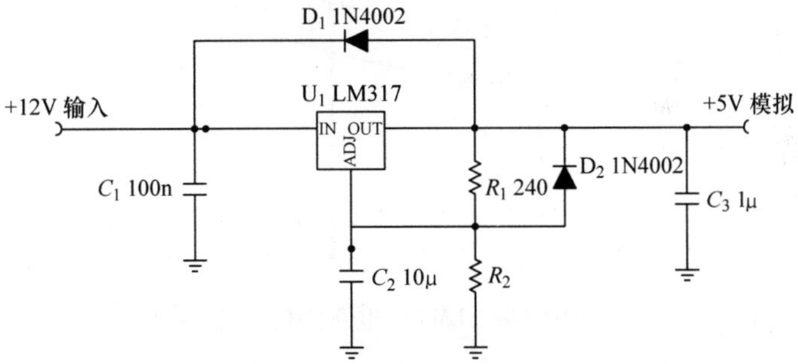

图 4-3　线性稳压器电路

- 图 4-3 中，C_1 用于防止高频噪声影响 LM317 的性能。采用二极管 D_1 和 D_2 是为了释放 C_2 和 C_3 的电流，以避免电容电流在稳压器上电和断电的过程中放电到 LM317 的输出端。正常工作时这两个二极管是反向截止的。采用 C_2 是为了获得更好的纹波抑制能力，而 C_3 是一个典型的去耦电容。请记住由于 LM317 在抑制低频噪声方面已经做得很好了，因此 C_3 并不需要是一个很大的去耦电容。
- R_1 固定在 240Ω，R_2 要按以下方法计算。根据 LM317 的数据手册，

$$V_{out} = V_{ref}\left(1 + \frac{R_2}{R_1}\right) + (I_{adj}R_2) \tag{4-5}$$

式中，$I_{adj}=50\mu A$；$V_{ref}=1.25V$；$V_{out}=5V$，$R_1=240\Omega$。

$$5 = 1.25\left(1 + \frac{R_2}{240}\right) + (50 \times 10^{-6} \times R_2)$$

在本例中，将 50μA 忽略掉是可以接受的，从而可以解出 R_2。则

$$5 = 1.25\left(1 + \frac{R_2}{240}\right)$$

$R_2=720\Omega$。用电路仿真软件对图 4-3 所示的完整电路进行仿真[2]，结果如图4-4所示，在输入为 +12V 时输出稳定在 +5V。

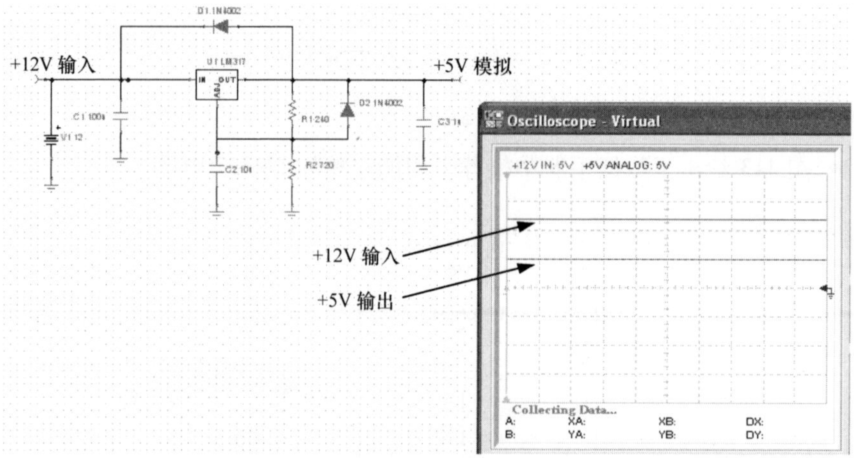

图 4-4　LM317 电路仿真结果

如前所述，对于电流消耗较大的电路，最好采用开关电源架构。这是由于与线性电源相比，开关电源具有更高的电源效率以及更低的功耗。然而，这种结构也会产生过大的输出开关噪声，如果设计者未能采取恰当的设计方法、PCB 布局和隔离技术有效地控制好这些开关噪声，这些开关噪声也有可能会降低系统的性能，导致 EMI 故障。

Buck 和 Boost 变换器是两种不同类型的开关变换器。Buck 变换器要求输入电压要高于输出电压，也称作降压变换器；而 Boost 变换器则会产生一个高于输入电压的输出电压，也称作升压变换器。对于 DSP 系统，由于需要多种不同的电压，从一个最高的输入电压获得不同的电压既易于实现又经济高效，因此

Buck 变换器成为首选。在如图 4-5 所示的 Buck 变换器中，三级主要的电路有：①功率晶体管级；②误差放大器级；③脉宽调制器或 PWM 级。变换器的工作情况如下：

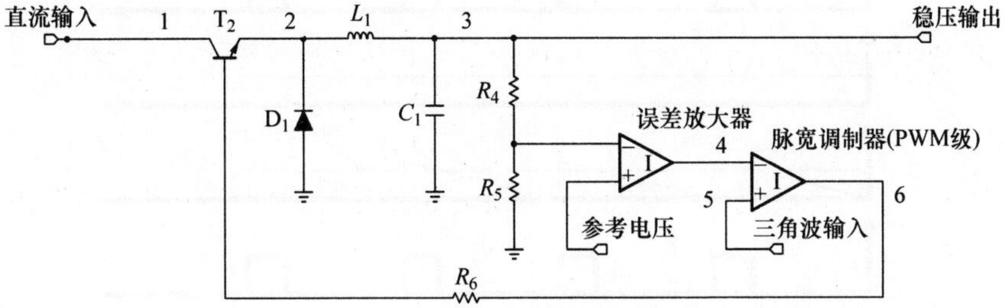

图 4-5 Buck 变换器结构图[3]

- 当控制功率晶体管 T_2 完全导通或完全关断时，晶体管工作在饱和区。当晶体管导通时，只有很小的电阻，Rdson 在毫欧级，与输入和输出的 LC 滤波器串联。产生的功耗很小，效率很高。
- 晶体管 T_2 发射极的输出是由 PWM 电路控制的占空比可调的数字波。该发射极输出通过 L_1 和 C_1 滤波，滤波器的输出是一个带有开关噪声的直流稳压输出。
- 直流稳压输出通过电阻 R_4 和 R_5 组成的分压器分压后反馈到误差放大器电路。这是一个负反馈，因此若直流电压上升，将会使误差放大器的输出向负方向变化；若直流电压下降，误差放大器的输出将向正方向变化。
- 误差放大器的输出是 PWM 级的一个输入，该 PWM 级将误差放大器的输出电压与一个锯齿波进行比较。若误差放大器电压增加，说明直流稳压输出下降，PWM 级则生成一个占空比更大的波形去驱动功率晶体管，从而使调节后的输出电压增加，以维持电压稳定。若误差放大器电压下降，说明直流稳压输出上升，PWM 级则生成一个占空比更小的波形去驱动功率晶体管，使调节后的输出电压下降，以维持电压稳定。
- 调节后的输出电压为 $V_{out} = V_{dc}\left(\dfrac{T_{on}}{T}\right)$，式中，$T_{on}$ 为高电平的持续时间；T 为周期。

图 4-6 说明了系统是如何对过高的输出电压进行补偿的。过高的输出电压导致占空比减小，从而使输出电压下降，返回到稳压值。

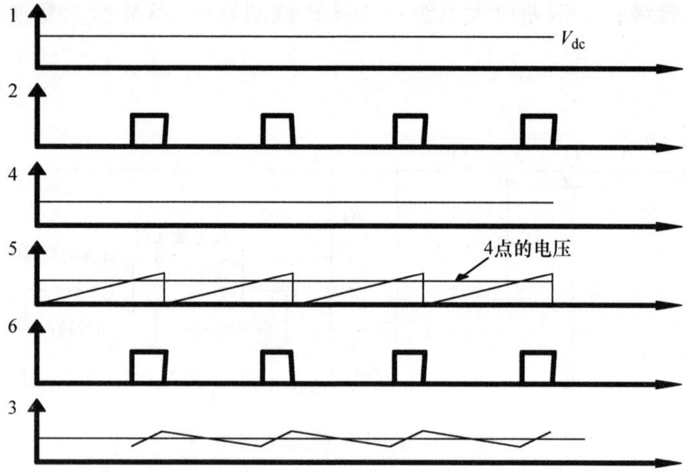

图4-6　误差电压升高时的时序图

图4-7所示为输出电压下降时信号占空比增加，使系统返回到稳压值。

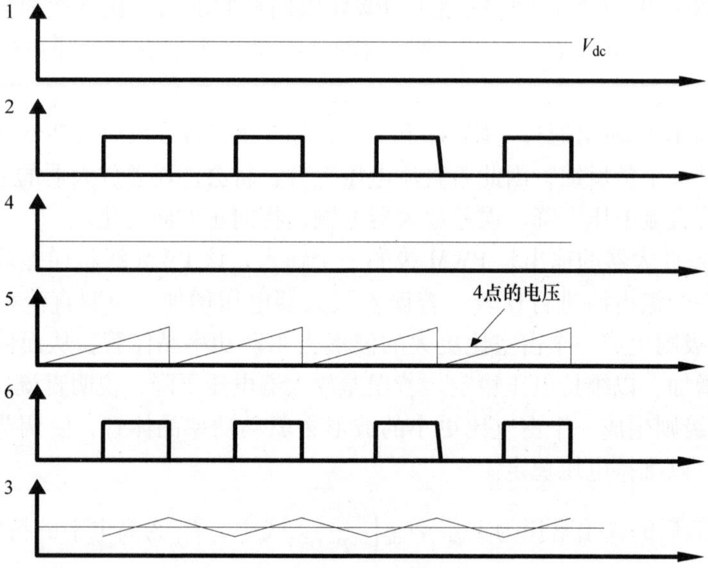

图4-7　误差电压下降时的时序图

设计实例4.2：

设计一个用于DSP系统的Buck变换器，设计指标见表4-1[4]。

表4-1 Buck变换器设计指标

参数	试验条件	最小值	典型值	最大值	单位
输入:					
V_{in}（输入电压）		10.8	12.0	13.2	V
I_{in}（输入电流）	$V_{in}=12V$，$I_{out}=10A$		1.7	1.8	A
UVLO _ OFF（V_{in}欠电压锁定关断）	$0V \leqslant V_{out} \leqslant 10V$	5.4	6.0	6.6	V
UVLO _ ON（V_{in}欠电压锁定开启）	$0V \leqslant V_{out} \leqslant 10V$	6.6	7.0	7.6	V
输出:					
V_{out}（输入电压范围）	$V_{in}=12V$，$I_{out}=5A$	3.1	3.3	3.5	V
线性调整率	$10.8V \leqslant V_{in} \leqslant 13.2V$			0.5	%
负载调整率	$0A \leqslant I_{out} \leqslant 10A$			0.5	%
V_{ripple}（输出纹波）	$V_{in}=12V$，$I_{out}=10A$			100	mVpp
I_{out}（输出电流）	$10.8V \leqslant V_{in} \leqslant 13.2V$	0	5.0	10	A
I_{ocp}（输出过电流起始点）	$V_{in}=12V$，$V_{out}=(V_{out}-5)$	14	20	43	A
瞬态响应载荷步	$10A \leqslant I_{out}$（最大值）$\leqslant 0.2\times(I_{out}$（最大值））[⊖]		8		A
开关频率		240	300	360	kHz
效率峰值	$V_{in}=12V$，$0 \leqslant I_{out} \leqslant 10A$		90%		
满载效率	$V_{in}=12V$，$I_{out}=10A$		87%		
工作温度	$10.8 \leqslant V_{in} \leqslant 13.2V$ $0A \leqslant I_{out} \leqslant 10A$	-40	25	85	℃

参考文献［4］可以计算出图4-8中所有元器件的参数值。

该Buck变换器的性能取决于元器件的参数值、放置方式和布局。应记住以下一些要点:

- 始终要遵循产品设计和布局的指导原则。
- 将开关电源电路放置在PCB的一角，远离系统中的其他元器件。
- 尽可能缩小所有的开关电流回路。参照产品数据手册找出可能存在的电流回路。
- 一般说来，类似Buck变换器的开关电源都具有大电流的开关特性，会产生高达10~100倍基波频率的谐波。为了提高设计成功的概率，必须考虑如何恰当选用在产品数据手册中及本书中提出的屏蔽、去耦和隔离方法。

⊖ 原文为$10A \leqslant I_{out}(\max) \leqslant 0.2\times(I_{out}(\max))$。——译者注

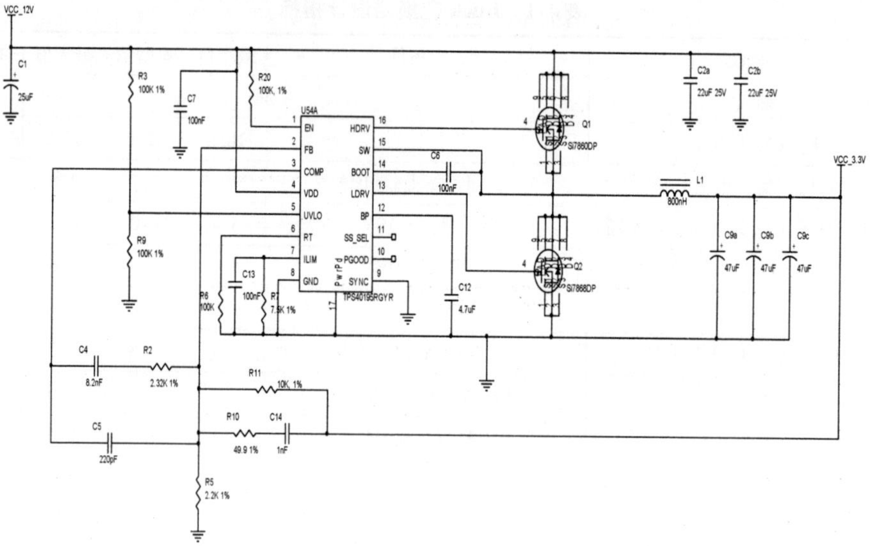

图 4-8　输出 3.3V 的 Buck 变换器原理图

4.2　DSP 电源结构中的问题

设计 DSP 电源并不仅仅是设计电源本身，而是必须要设计实现一个 DSP 电源系统，确保噪声和辐射最小化，以实现更高的性能、更高的可靠性和更低的成本。低噪声系统可以降低成本，这是由于噪声系统在生产中的废品率更高。在很多情况下，为了防止辐射，系统设计者们不得不提高成本以解决噪声和 EMI 问题，即通过重新设计机械底盘来增强屏蔽，而不是通过修改电气设计来解决问题。这种做法其实是不必要的。

但是这种做法是可以理解的，这是由于对于那些不熟悉本书中提到的这些最新高速设计方法的工程师，为了解决低噪声和 EMI 问题而重新设计电气系统是一件非常困难的事情。

假设 DSP 电源本身已经按照前述章节的方法进行了正确设计，电源完整性则取决于 DSP 与电源模块之间的距离以及 DSP 的去耦程度如何。图 4-9 和图 4-10给出了两个电路，在图 4-10 中靠近 DSP 有一个去耦电容。假设电源走线的电感相同，则在图 4-9 的电路中其动态电流回流路径更长，这会导致更大的电源电压跌落以及更强的电磁辐射。结果可能会导致系统出现随机故障，而且非常难以调试。

系统设计者最难以解决的问题之一是为一个特定应用中的 DSP 确定一个可

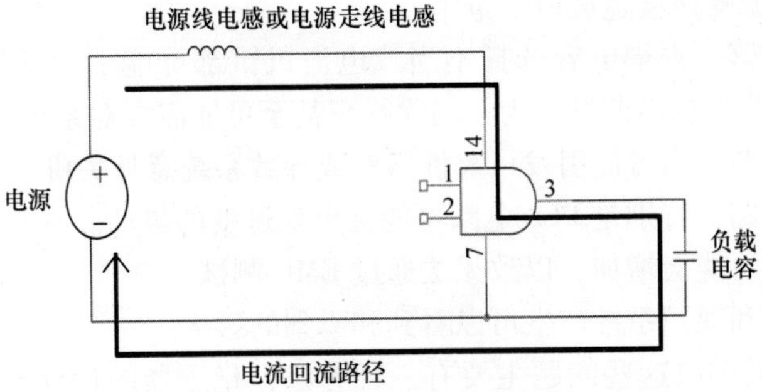

图 4-9　电源电流回流路径示例 1

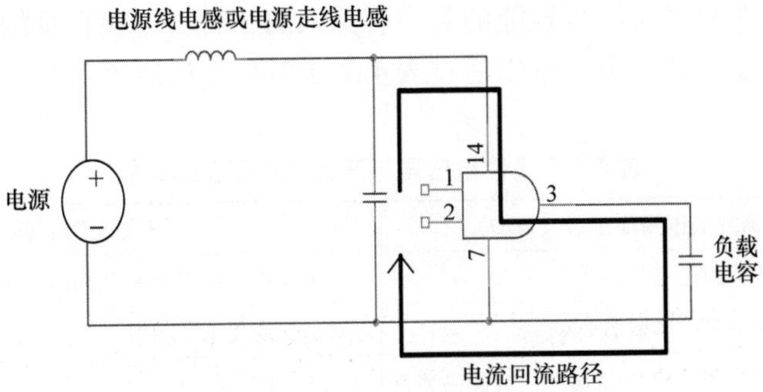

图 4-10　电源电流回流路径示例 2

以接受的噪声水平。DSP 的数据手册清楚地说明了工作条件，但并没有考虑到高速系统的动态特性。这是由于动态开关特性很大程度上取决于实际系统的设计和布局。以下几点是在电源设计过程中必须要解决的重要问题：

- 电源的瞬态响应，如负载调节、母线调节、电源纹波、电源噪声注入，以及多路电源的开关顺序等。
- 电源去耦以确保 DSP 引脚上的电压跌落最小。
- 使用线性稳压器还是开关式稳压器。
- 使用电源层还是电源走线。
- 电源电压升降过程中 DSP 的浪涌电流及稳态时 DSP 的浪涌电流。
- 电源反复开关时 DSP 在启动过程中无残留电压。
- 多路电源排序：内核电源先于 IO 电源或 IO 电源先于内核电源。
- 选用开关式稳压器为锁相环（Phase Locked Loop，PLL）、音频 CODEC 以及视频编解码器供电时要谨慎。
- 在电源电压升降的过程中一定要复位，以减少 DSP 内部发生总线竞争的可能性。

过大的电源噪声会造成以下危害：

• 电压跌落、去耦电容选择不当或电流饥饿都可能引发随机的逻辑故障。而且这种故障非常难以调试，为了消除噪声甚至可能需要对系统进行重新设计。

• 电压调节不当可能引发可靠性问题或导致系统意外关机。

• 时钟电路，特别是PLL电路可能会出现过度的抖动。

• 辐射量可能会增加，以致无法通过EMC测试。

• 对音频和视频系统产生可以看到和听到的影响。

设计人员要解决这些问题主要有三种方法：稳压器的设计（线性稳压器与开关式稳压器）、去耦技术以及PCB布局。设计人员要做出的最重要决策之一就是要确定是使用线性稳压器还是开关式稳压器。做出这一决策要求设计人员对电源特性以及电源对系统噪声性能的影响有深入的了解。电源自身的设计问题已在前面章节进行了论述。下面可以通过表4-2了解线性稳压器与开关式稳压器之间的差别。

表4-2 线性稳压器与开关式稳压器的比较

线性稳压器或低压降稳压器（LDO）	开关式稳压器
低噪声、高电源抑制比	开关噪声可能引起EMI问题或音视频损伤
对负载变化响应迅速，典型值1μs	对负载变化响应缓慢
效率低，典型值56%，会增加功耗，可能需要散热器	效率高，典型值92%，低功耗
如果总的去耦电容超过最大允许极限值则系统不稳定	DSP去耦电容对电源稳定性影响很小甚至没有影响，但PCB布局很重要
是视频、音频、模拟和PLL电路的一个很好的选择	是CPU核电源和IO电源的一个很好选择
低成本	由于需要外加滤波元件，如开关电源输出端的LC滤波器，成本较高

表4-2可以帮助确定哪一种电源方案更适用。再下一步则需要确定电流损耗以及是否需要进行电源排序。通常情况下，DSP最少需要两路电源，即内核电源和IO电源。由于内核电压和IO电压的升降次序可能会影响启动电流，因此对于特定的DSP需要参考器件的数据手册来设计一个鲁棒电源。推荐遵循以下规则选择/设计DSP电源：

内核稳压器设计：

• 在器件的数据手册中查找内核电源电流损耗的最大值。许多DSP带有一份功率电子表格，可用于估算CPU在特定工作条件下的电流损耗。

• 选择一个稳压器，其带载能力至少要能提供两倍的最大内核电流，以提供足够的裕度处理动态电流变化。

- 要慎重处理电流饥饿条件。在启动过程中，浪涌电流有可能在短时间内超过稳压器的最大限值。所选择的稳压器应具有软启动功能，以防过热或过电流导致系统关机。
- 内核稳压器的最后一个设计步骤是要确定是否需要一个散热器。

IO 稳压器设计：

IO 稳压器的设计由特定应用场合下的外部负载决定。由于电源走线或电源层存在寄生电感，对于快速开关信号，IO 电流是由去耦电容提供的，而不是由稳压器本身提供的。动态电流的计算方法将在去耦章节中讲述。以下设计原则提供了设计 DSP 自身的 IO 稳压器的一种保守方法。应该注意该方法仅适用于 DSP 电源，而并非适用于整个系统。

- 计算 DSP 输出端的个数，所有的 GPIO 都要视作输出端。
- 将输出端的个数与数据手册中给出的电源电流相乘。
- 将数据手册中给出的最大 IO 电流损耗与整个电源电流相加。
- 再将结果乘以 2，以提供 100% 的裕度。
- 由于传输线效应，在开关过程中可能出现 IO 浪涌电流，但该情况可以由 DSP 的本地去耦电容消除。
- 最后一步则要确定是否需要散热器。

一旦设计者完成了特定 DSP 电源结构的设计，下一步就要确定该 DSP 是否要求进行电源排序。可能要对多路电源进行排序，比如内核电源先于 IO 电源上电或者顺序相反。正确的电源次序对于避免内部竞争是非常必要的。

- 上电过程中复位不当。必须保证复位时间比数据手册中规定的最小复位脉冲要长。
- 在规定的时限内，内核电压和 IO 电压没有加上来。一般情况下 DSP 对电源次序没有要求，但是对于一路电源关断而另一路电源开通有一个时间限制。
- JTAG 仿真接口复位不当。例如，TRST 需要稳定的低电平，而过度的噪声耦合到该信号可能使启动出现问题或导致总线竞争。
- 复位信号释放之前启动模式配置引脚还未驱动到合适的状态。参考器件的数据手册，确保配置引脚有合适的上拉和下拉信号，确保这些引脚在复位信号释放之前已达到稳定的逻辑电平。

图 4-11 和图 4-12 给出了两种 DSP 电源结构[5]，图 4-11 中内核电源和 IO 电源同步上电，图 4-12 中内核电源先于 IO 电源上电。关于电源管理架构更详细的内容请参考文献［6］。

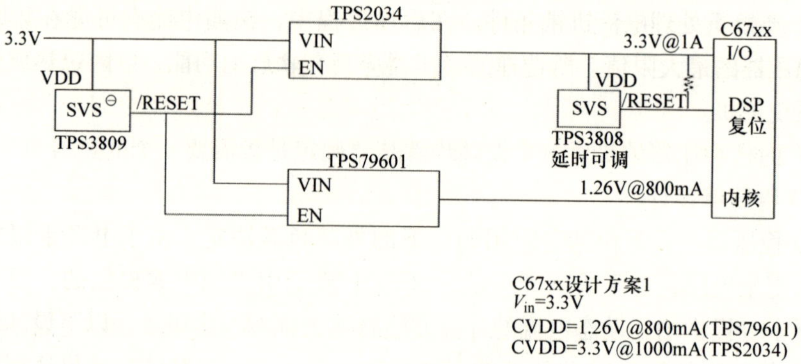

图 4-11　内核电源与 IO 电源同步上电示例

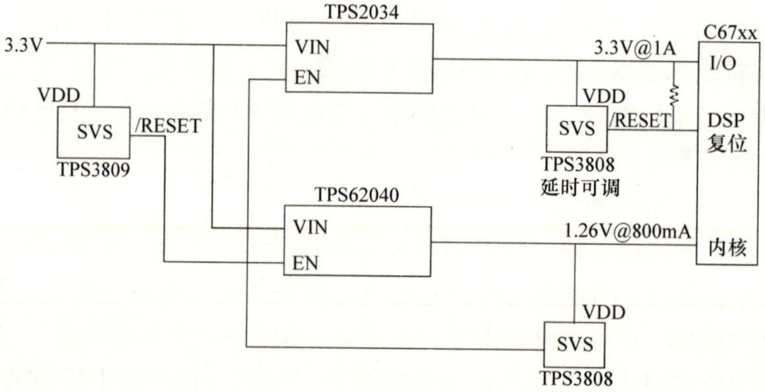

图 4-12　内核电源先于 IO 电源上电示例

4.2.1　电源排序问题

随着越来越多的外设被集成进来，DSP 或 SoC 所需的电源数量也在不断增加。而在 DSP 上电或断电的过程中对这些电源进行管理是一项艰巨的任务。一般情况下，一个高性能的 DSP 或 SoC 至少包括 3 路电源，包括 +1.8V 用于 DDR2、+3.3V用于数据转换器、+1.2V 用于内核。内部逻辑包含许多电压转换，以使所有的模块都能够相互通信。在上电过程中，如果一路电源比另一路电源提前一段时间电压上升，则可能使内部逻辑处于一种未知状态，从而引起内部总线竞争以

㊀ SVS：Supply Voltage Supervisor，电源监测芯片。——译者注

及系统工作不稳定。如有必要，设计者必须参照 DSP 的数据手册并按照电源的次序进行设计。而问题在于如图 4-11 和图 4-12 所示的电源排序电路只能保证电源自身的上电顺序，而不能保证整个系统的上电顺序。这是由于 DSP 周围使用的去耦电容，如图 4-10 所示，对电源上升到最终的工作电压所需的时间产生了影响。这段时间可以通过下式（4-6）计算：

$$I_{电源} = C_{去耦}\left(\frac{dV}{dt}\right),$$

$$dt = C_{去耦}\left(\frac{dV}{I_{电源}}\right) \tag{4-6}$$

式中，$C_{去耦}$是全部的去耦电容；$I_{电源}$是电源发出的电流；dV 是电压变化量；dt 是电压变化 dV 值所需的时间。

如式（4-6）所示，对于一个给定的电源，达到最终电压值所需的时间取决于全部的去耦电容。因此，要保证特定的电源次序，设计者必须做到以下几点：

- 参照 DSP 数据手册确定电源排序是否必要。
- 如果选定的 DSP 要求一个上电次序，则需要采用类似图 4-12 所示的电路来开发一个电源系统。
- 利用式（4-6）为每路电源计算升降时间，确保考虑到 PCB 上安装的所有去耦电容后在系统级仍能实现上电次序。
- 利用电流探针测量上电电流（内核电流和 IO 电流），确保无总线竞争。

一定要记住，所有电容从零状态开始上升时都相当于接地的短路线，因此在启动过程中浪涌电流可能比预期值要高。为了避免过电流保护电路被误触发，在电源设计时一定要留有足够的裕度。一种较好的经验做法是在最大电流损耗的设计值上再增加 50% 的裕度。

如果在上电过程中电流损耗过大，设计者需要检查以下几个方面。

（1）系统的复位信号是否有效？复位信号应在这段时间内生效。

（2）上电的顺序是否正确？

（3）是否有输入端悬空？所有的输入端都必须接上拉电路或者下拉电路而不能悬空。有些 DSP 内部集成了上拉电路或下拉电路，但并不是所有的 DSP 都这样，因此一定要查找数据手册，使上拉电路和下拉电路正常工作。

（4）当电源到达工作范围以后 DSP 的时钟输出是否立即开始工作？如果不是，检查仿真复位信号，确保该输入端正确驱动。否则噪声可能耦合到该输入信号，使器件随机进入某种检测模式。

图 4-13 总结了对电源次序进行验证并对系统启动过电流条件进行调试的步骤。

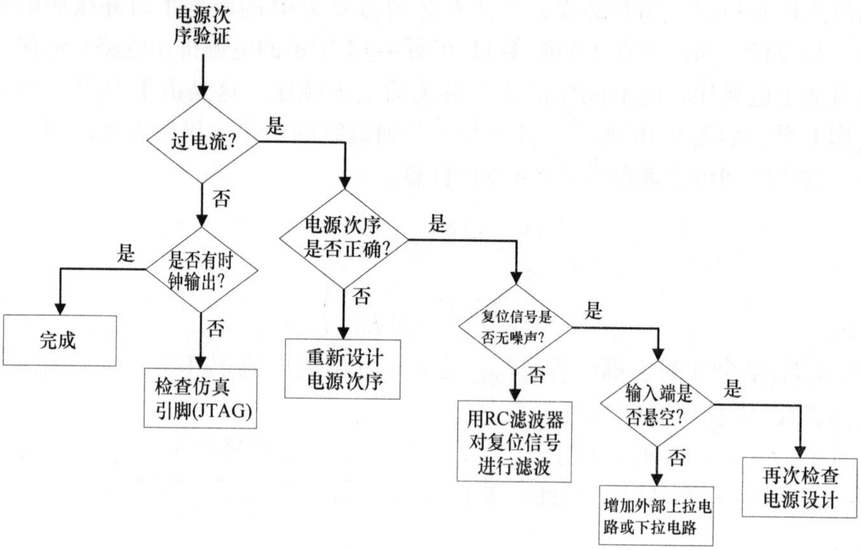

图 4-13 电源次序的验证

4.3 小结

正如本章所述，对设计者而言，在实际开始进行系统设计之前为 DSP 系统，包括周围的模-数转换电路选择正确的电源结构以及做好系统的布局规划是要首先完成的两项最重要的关键任务。良好的电源完整性是实现低噪声和低 EMI 系统设计的关键，以下列出了一些有助于提高设计成功率的建议：

- 制定一个详细的系统框图，要反映出所有器件（DSP、ADC、DAC、视频、音频、PLL、DDR 等）对电源的需求。
- 应用本章所讲的技术并为所有的模块计算所需要的电流。建议在总电流预算的基础上增加 50% 的裕度，这有助于系统更好地处理动态过程。
- 对噪声敏感电路要多加关注，如 ADC、DAC、模拟视频/音频电路以及 PLL 等，如有可能最好用高电源抑制比的线性稳压器将这些电路隔离。避免用开关式稳压器为这些电路供电。
- 做好布局规划。令开关电源远离模拟电路和高速电路。最好将噪声电源安放在 PCB 的一角。
- 选择电源拓扑结构，并着手进行电路的设计和布局。有关电源排序的内容请参考 4.2.1 节。

参考文献

[1] Texas Instruments Inc (2008) LM317 3-Terminal Adjustable Regulator. http://focus.ti.com/lit/ds/symlink/lm317.pdf.

[2] Texas Instruments Inc (2008) Spice-Based Analog Simulation Program. http://focus.ti.com/docs/toolsw/folders/print/tina-ti.html.

[3] Pressman Abraham (1991) Switching Power Supply Design. McGraw-Hill, New York.

[4] Texas Instruments Inc (2008) TPS40195 4.5-V to 20-V Synchronous Buck Controller with Synchronization and Power Good. http://focus.ti.com/lit/ds/symlink/tps40195.pdf.

[5] Texas Instruments Inc (2009) SM320C6713-EP Floating Point Digital Signal Processors. http://focus.ti.com/lit/ds/symlink/sm320c6713bep.pdf.

[6] Texas Instruments Inc (2008) Power Management Guide. http://focus.ti.com/lit/sg/slvt145h/slvt145h.pdf.

第5章

电源去耦

系统故障的最根本原因是由于 DSP 以及（或者）其他周边电路的电源没能有效去耦，如 DDR、时钟、模－数转换器和数－模转换器等。对设计者最具挑战性的一项任务是确定最有效的去耦技术以实现低噪声和高性能。一般情况下，元器件制造商会提供一个比较保守的电源去耦建议，但在很多情况下，受 PCB 的可用空间、功耗、EMI 或安全要求的限制，这一建议并不具有可行性。此外，元器件制造商还会提供开发平台供设计人员进行评估，这些平台通常比实际设计大很多，且不要求通过 FCC 认证，因此复制开发平台的做法并不能保证设计取得成功。本章将为设计人员探讨三个重要问题：①常用的去耦经验方法；②去耦的分析方法；③如何对设计结果进行折中以获得最佳的噪声性能。

5.1 电源去耦技术

一旦设计者选择为 DSP 设计一个电源，接下来就要确定所需的去耦电容，以确保在所有动态工作条件下的电源跌落都能低于给定的限值。例如，具有 5% 额定容差的 3.3V 的 IO 电源，其纹波应小于 165mV。首先考虑不使用去耦电容的情况，如图 5-1 所示。

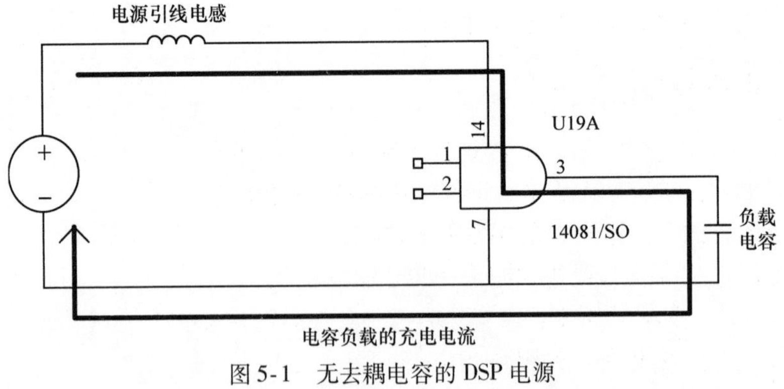

图 5-1　无去耦电容的 DSP 电源

在图 5-1 中，标号 U19A 的 DSP 驱动一个容性负载并处于快速开关状态。假设稳压器距 DSP 5in，由一条5mil 走线连接到 DSP。在快速开关状态下，由于走线上的寄生电感使电源走线变成一个开放电路，在 DSP 引脚上产生了一个较大的电压跌落，可以用下式计算[1]。

$$跌落 = L\left(\frac{\mathrm{d}I}{\mathrm{d}t}的最大值\right) \tag{5-1}$$

式中，L 为寄生电感。

$$\frac{\mathrm{d}I}{\mathrm{d}t}的最大值 = \frac{1.52\Delta V}{(T_\mathrm{r})^2}C \tag{5-2}$$

式中，ΔV 为开关电压；C 为负载电容；T_r为上升时间。

对于一条5in 的走线，可以通过信号完整性仿真[2]估算其电感，为600nH/m。则电感 L 为

$$L = 5\mathrm{in} \times 2.5\mathrm{cm/in} \times 1\mathrm{m}/100\mathrm{cm} \times 600\mathrm{nH/m} = 75\mathrm{nH}$$

令 $T_\mathrm{r} = 2\mathrm{ns}$，$C = 50\mathrm{pF}$（负载电容），$\Delta V = 3.3\mathrm{V} \times 80\% = 2.64\mathrm{V}$。则最大电压跌落为

$$\begin{aligned}跌落 &= L\left(\frac{\mathrm{d}I}{\mathrm{d}t}的最大值\right) = L\left[\frac{1.52\Delta V}{(T_\mathrm{r})^2}C\right]\\ &= 75 \times 10^{-9}\left[\frac{1.52(2.64)}{(2 \times 10^{-9})^2} \times 50 \times 10^{-12}\right]\mathrm{V} = 3.76\mathrm{V}\end{aligned}$$

从这一示例可以看出，对于一条5in 走线、2ns 信号、50pF 负载以及3.3V 的IO 电源，最大电源跌落达到3.76V，这一电源跌落足以引发随机系统故障。为了补偿该电压值，应在靠近 DSP 处布放去耦电容以提供开关过程所需的电荷。对 DSP 系统噪声进行滤波的最好方法是什么？不同的系统噪声其特性差别也非常大，因此没有哪一种方法能够保证在所有情况下都能实现低噪声和低辐射。然而，设计者可以利用本章提出的这些最优设计方法尽可能地减小噪声，提高设计成功的概率。在介绍去耦技术之前，还需要对滤除电源噪声常用的元件（电容、电感和铁氧体磁珠）的特性有所了解。

5.1.1　电容特性

用于去耦的电容的关键参数是自谐振频率。在低于该频率时电容保持容性，在高于该频率时电容开始表现为一个电感。图5-2 是电容的串联等效电路。

电容的串联等效电路包括三个不同的元件：等效串联电阻（ESR）、等效串联电感（ESL）以及电容本身。自谐振频率发生在电容 C 的阻抗与电感 L 的阻抗相等时的频率点。

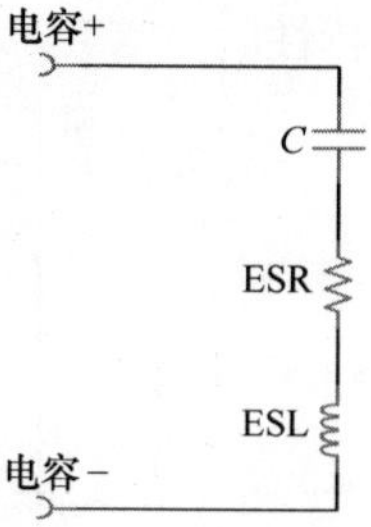

图5-2　电容的串联等效电路

$$Z_{C,电容} = \frac{1}{\omega C}$$

式中，C 为电容值；ω 为频率 f 的 2π 倍。

$$Z_{L,电感} = \omega L$$

式中，L 为电感值。

谐振时 Z_L 与 Z_C 相等，即

$$\frac{1}{\omega C} = \omega L$$

$$\omega^2 = \frac{1}{LC}$$

$$\omega = \frac{1}{\sqrt{LC}}$$

式中，$\omega = 2\pi f$。

因此，自谐振频率为

$$f_R = \frac{1}{2\pi\sqrt{LC}} \tag{5-3}$$

如自谐振公式所示，电容与电感越小，谐振频率越高。对于一个给定的电容值，选择较小的表面贴装元件可以获得更高的谐振频率，这是由于较小的元件封装一般具有更低的寄生电感和引线电感。完整的去耦概念是提供一条从电源到地的低阻抗通路，并对多余的射频能量进行分流。这意味着选择一个电容值高而电感值低的电容元件是非常重要的，但问题在于当电容值较大时封装也大，而大封装则会产生较大的寄生电感。在许多情况下，采用多个不同容值的电容元件为 DSP 去耦会更好一些。

图 5-3 给出了电容元件的频率特性。对于一个给定的电容元件，阻抗随着频率的增加而下降，在谐振频率 f_R 达到阻抗的最低点。当频率高于谐振频率时，电容元件的阻抗则主要由寄生电感 ESL 决定，从而使阻抗随着频率的提高而增大。建议让电容工作在该曲线的容性区域，该区域可以保证更加接近电容的理想阻抗特性。

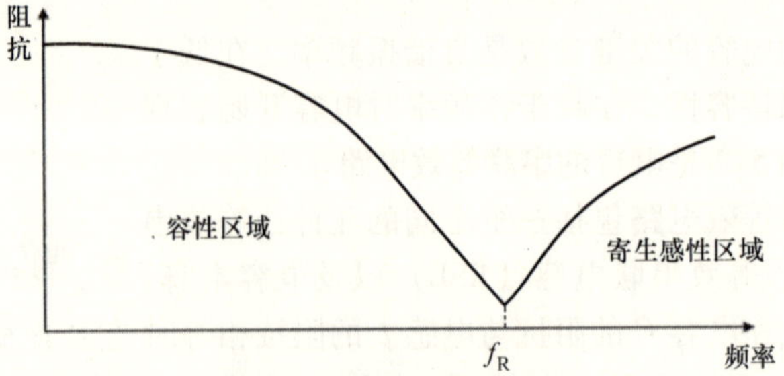

图 5-3　电容的阻抗响应

有许多不同种类的电容，使用哪种电容取决于电压、温度和设计的频率。例如，低频滤波器要求一个 10μF 或更大的铝电解电容或钽电容；而高频滤波器则要求一个小于 10μF 的小的薄膜电容或陶瓷电容。电容类型选择错误会对系统性能产生负面影响，因此设计者在选择前必须对元件的规格和应用场合进行仔细研究。表 5-1 给出了几种不同的常用电容的电气特性。

表 5-1 电容特性[6]

电容类型	容值范围	特性	典型 ESR 值
陶瓷电容： ➤ NPO/COG	0.5pF ~ 0.1μF	良好的温度稳定性	0.1μF 的表贴式电容在 1MHz 时为 0.12Ω
➤ X7R/Y5R	1pF ~ 3.3μF	随温度非线性变化	
➤ Z5U/Y5U	0.001pF ~ 10μF	温度稳定性和电压稳定性较差	
薄膜电容： ➤ 聚丙烯	0.5pF ~ 0.1μF	良好的温度稳定性	1μF 的表贴式电容在 1MHz 时为 0.11Ω
➤ 聚苯乙烯	100pF ~ 0.1μF	整体性能最佳	
➤ 聚碳酸酯	0.001 ~ 10μF	温度稳定性一般	
➤ 聚酯	100pF ~ 10μF	高温度系数，低成本	
电解电容： ➤ 铝电解电容	0.1μF ~ 2.0F	整体性能良好，ESR 较大，漏电流较大	100μF 电容在 100kHz 时为 0.6Ω
➤ 钽电容	0.001 ~ 8000μF	整体性能最佳，ESR 小，漏电流小，较铝电解电容温度敏感性低	100μF 电容在 100kHz 时为 0.12Ω

5.1.2 电感特性

电感也具有自谐振频率。在低于该频率时电感保持感性，在高于该频率时开始表现为一个电容。图 5-4 是电感的串联等效电路。

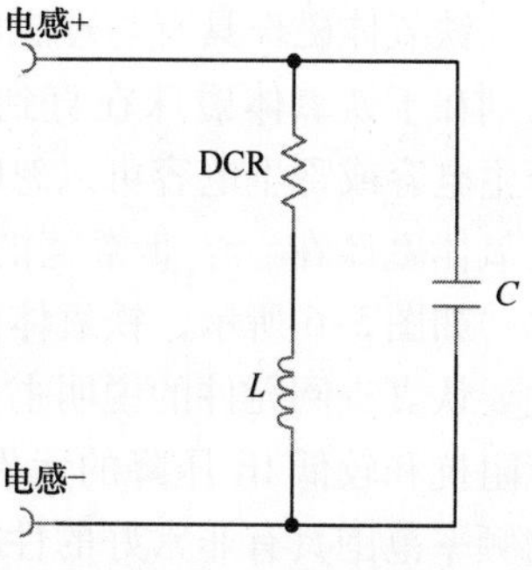

图 5-4 电感的串联等效电路

计算电感谐振频率的公式与电容相同。

$$f_R = \frac{1}{2\pi\sqrt{LC}}$$

图 5-5 给出了电感元件的频率特性。对于一个给定的电感元件，阻抗随着频率的增加而增加，在谐振频率 f_R 处达到最大值。当频率高于谐振频率时，电感元件的阻抗则主要由寄生电容 C 决定，从而使阻抗随着频率的提高而减小。建议工作在该曲线的感性区域，该区域可以保证更加接近电感的理想阻抗

特性。和电容一样，电感也有许多不同的种类，空芯电感和磁芯电感是两种主要的电感。空芯电感是带空气芯或绝缘芯的线圈，而磁芯电感则是缠绕在磁性材料如铁和铁氧体上的线圈。电感通常用在射频和高功率电路中，而在高速 DSP 系统的设计中则很少采用。这是由于在 DSP 系统中采用铁氧体磁珠隔离和滤除噪声的效果更好且成本更低。

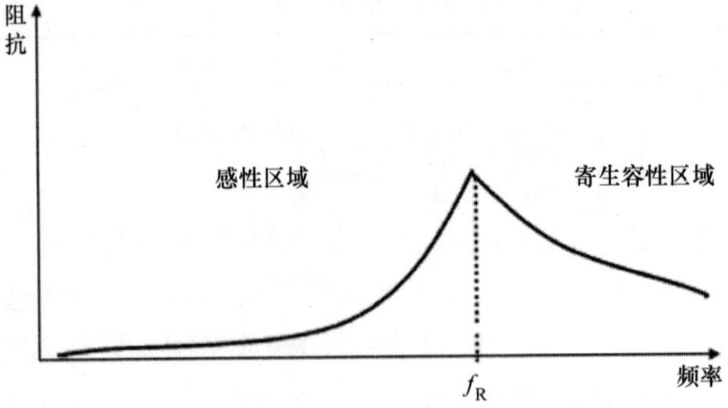

图 5-5 电感的阻抗响应

以下是在 DSP 系统中使用电感元件滤除噪声的一般规则：

- 电感元件较为昂贵且对噪声比较敏感。电感也有可能产生和辐射噪声，取决于所传输信号的开关速度。

- 在大电流应用场合，电感元件通常用于滤除低频噪声。由于电感元件对于频率高于电感谐振频率的噪声相当于短路，在这种情况下，设计者需要给电感级联一个高频滤波器以抑制高频噪声。

5.1.3 铁氧体磁珠特性

铁氧体磁珠具有与理想电感类似的电气特性。主要的区别在于铁氧体磁珠在直到 GHz 的频率范围内仍然没有寄生电容或寄生电容可以忽略不计，如图 5-7 所示。因此铁氧体磁珠在一个非常宽的频率范围内可以视为一个电感。如图 5-6 所示，铁氧体磁珠的直流电阻总是很小，因此要认真查阅元件的说明书，在设计中选择具有合适的交流阻抗和较低 IR 压降的元件。铁氧体磁珠在 30MHz 以上的频率范围具有非常好的性能。通常用于隔离电源和噪声敏感电路，如时钟、视频 CODEC 和音频 CODEC。

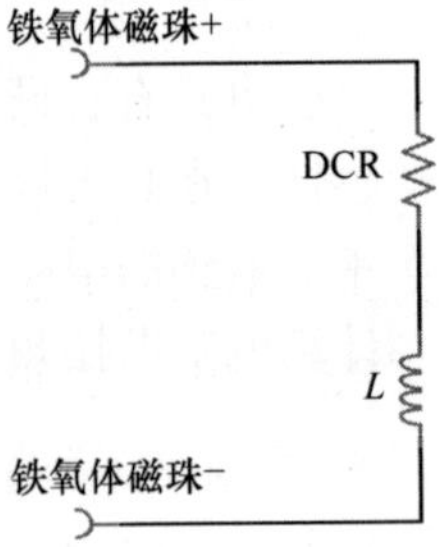

图 5-6 铁氧体磁珠等效电路

许多制造商都提供免费的设计工具帮助工程师们选择铁氧体磁珠电路并对其进行仿真。图 5-7 所示就是由一种铁氧体磁珠仿真工具得到的阻抗特性[3]。

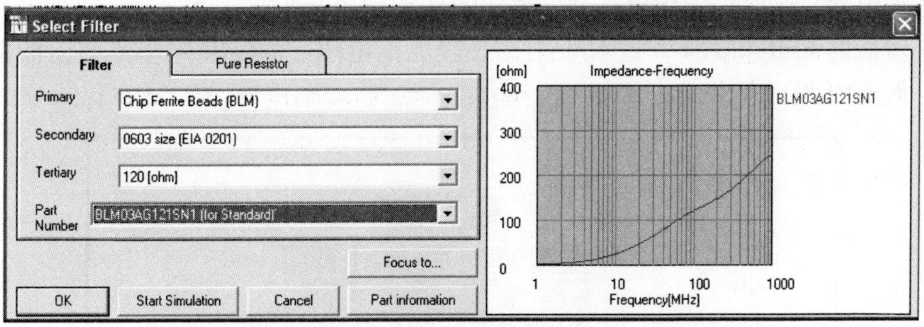

图5-7 铁氧体磁珠的电气特性

用来选择铁氧体磁珠的两个重要参数分别是直流电阻和给定频率下的交流阻抗。一般情况下，如果PCB的空间没有问题，最好选用具有最小直流电阻和在工作频率点具有最大阻抗的元件。这样可以在铁氧体磁珠两端产生最小的IR压降，同时提供最大的噪声抑制能力。

5.1.4 去耦的一般性经验方法

电源噪声去耦的理想方式是在DSP的每个电源端子和地端子之间都连接一个电容，但通常由于DSP的封装面积很小，实际上是无法做到的。因此，设计者只好做出让步，通过减少去耦电容的数量把它们安装到DSP下面或上面的区域。可以参考元件的数据手册，采用手册推荐的方法。但通常还有一些关于去耦的重要注意事项，列举如下：

- 只要空间允许应采用尽可能多的去耦电容，但是电容的个数不要超过DSP电源引脚的个数。
- 增加8个大容量电容，4个用于核电源，4个用于IO电源。在DSP的每个区域布放一个大容量电容，一个区域定义为DSP的一个边或一个角。大容量电容可以用作低频噪声滤波器以及作为较小的去耦电容的电荷存储器件。这4个大容量电容最好选用单个的大的分立元件，这样可以保证较短的充电路径以及大电容和去耦电容之间较短的寄生电感路径。
- 要记住所有的电容都有等效串联电感（ESL）和等效串联电阻（ESR），ESL和ESR会降低滤波效率。因此，应选择可用的最小的表贴式电容。

图5-8是一个特定DSP的去耦方案，效果良好，详细内容请参考器件的数据手册。如图5-8所示，0.01μF的陶瓷电容用作去耦电容，10μF的钽电容用作低频滤波器件。一般情况下，设计者还要返回修改参数以实现应用效果最优。有一个好方法就是通过调节电容值使IO电源的电源纹波低于50mV，使核电源的电源纹波低于20mV；另一个好方法是在高频去耦时使用陶瓷电容，在低频滤波时

使用钽电容。这是因为钽电容比陶瓷电容的容值更高，见表 5-1。这两种电容都具有较低的 ESR 和 ESL，这对于工作在较大的电压、温度和频率范围内的低噪声、低 EMI 设计是非常必要的。

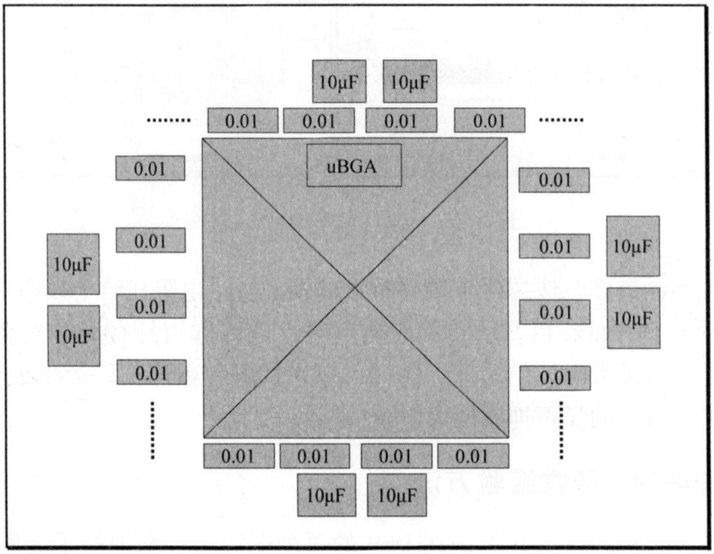

图 5-8　常用的去耦规则

这些一般性的方法仅适用于 DSP 的数字核电源和数字 IO 电源的引脚。PLL 和其他模拟电源引脚需要性能更好的滤波电路（Pi 型滤波器和/或线性调压器），以防低频和高频噪声影响这些电路的性能。具体内容请参考 PLL（第 6 章）和数据转换器（第 7 章）。

5.1.5　去耦分析方法

DSP 系统中电源噪声去耦的另一个方法是计算将电源纹波控制在一定限值以下时所需的电容总量。与去耦的一般方法类似，这一方法也只是提供一个初始值，通常还要对该值进行优化。DSP 通常使用的大型球栅阵列（BGA）封装本身就像一个 PCB，布满从芯片到焊球的长走线。这些走线可能产生干扰，同时也容易受到串扰、电源跌落和其他电气噪声的影响。不对称分析去耦技术将 DSP 分成 4 个区域，每个区域分别去耦。在低速区配置较少的去耦电容可以均匀地减少噪声和电磁辐射。这一去耦技术的分析步骤如下：

A. 核电压去耦步骤

- 通过 DSP 的 4 个角画两条对角线，将 DSP 封装分成 4 个区域，如图 5-10 所示。确保将一组信号划分在一起，例如，将所有的 DDR 信号都划分在同一个区域。区域边界并不一定非要像图5-10那样严格按对角线划分。

- 按下式（5-4）对区域内核电压消耗的电流 $I_{C区域}$ 进行保守估算，将器件的最大电流 $I_{核Max}$ 乘以2（增加100%的裕量），再除以核电压引脚的总数 N，再乘以区域内核电压引脚的数量 M。

$$I_{C区域} = \frac{2 \times I_{核Max}}{N} \times M \tag{5-4}$$

如果数据手册未提供最大电流参数，可以通过将典型电流值乘2来估算最大电流值，如式（5-5）。

$$I_{C区域} = \frac{4 \times I_{核典型}}{N} \times M \tag{5-5}$$

- 利用式（5-7）计算本区域总的去耦电容值。

$$I_{C区域} = C_{核} \frac{dV_{核}}{dt} \tag{5-6}$$

$$C_{核} = I_{C区域} \frac{dt}{dV_{核}} \tag{5-7}$$

式中，dt 是区域内最快的上升时间；dV 是核电压允许的最大纹波，假设纹波为10mV。

- 接下来将总去耦电容乘以40计算本区域总的大容量电容。建议大容量电容至少要在总去耦电容的10倍以上[4]。每个区域采用一个大容量电容，以实现大容量电容与去耦电容之间的寄生电感最小化。

- 为了计算去耦电容的数量，应检视一下PCB所在的区域，看看在0.5in或1.25cm宽的电源引脚间能布放多少电容。为了在区域内布放更多的电容，最好选用小尺寸电容。如果DSP封装是如图5-9所示的一个布满焊点的球栅阵列，全部信号均匀地从4个不同的方向（西北、东北、西南、东南）引出，形成了横穿封装的两条小径，那么应利用这两条小径靠近DSP核电源和IO电源的引脚布放电容。要确定去耦电容的容值可以用总电容除以该区域能够布放的电容的个数。最好选用一个自谐振频率等于特定区域最大频率的电容。例如，若SDRAM端口工作在100MHz，则在该区域至少要有一个谐振频率为100MHz的电容。对于每一区域内的其他电容，应使其具有尽可能高的谐振频率，这将有助于在一个较大的频率范围内去

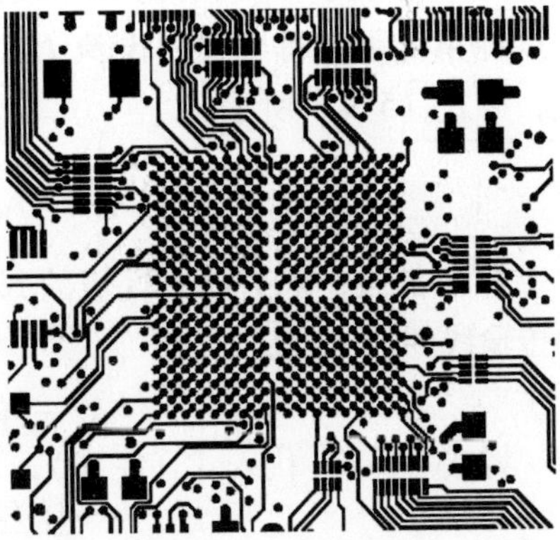
图5-9 布满焊点的球栅阵列信号布线

除 EMI。

B. IO 电压去耦步骤

• 如图 5-10 所示通过 DSP 的 4 个角画两条对角线，将 DSP 封装分成 4 个区域。与核电压去耦的方法类似，要确保每组信号都划分在一个区域。

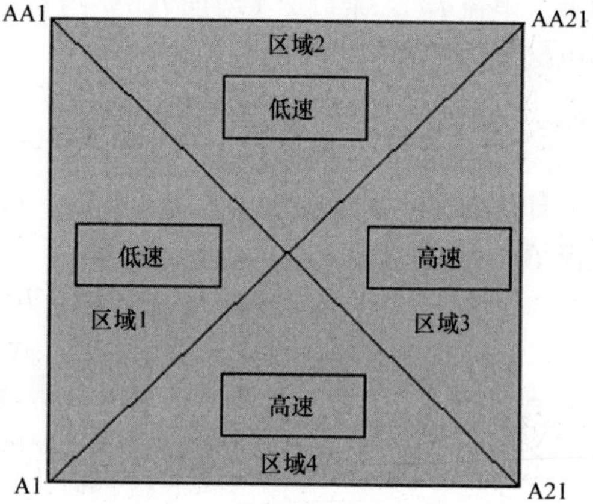

图 5-10　去耦分析技术

• 统计每个区域内 IO 电压、输入和输出的个数。

• 利用式（5-8）对区域内 DSP 自身消耗的 IO 电流 $I_{IO区域}$ 进行保守估算，将器件的最大电流参数值 I_{IO} 除以 IO 电压引脚的总数 K，再乘以区域内 IO 电压引脚的数量 J。此处计算 IO 消耗电流时不需要增加裕量，裕量将在下一步加以考虑。

$$I_{IO区域} = \frac{I_{IO}}{K} \times J \tag{5-8}$$

• IO 总电流并不等于数据手册中给出的 IO 拉电流和灌电流。IO 总电流的大部分取决于外部负载，例如阻性负载、容性负载或传输线。在本次设计中假设一种更坏的情况，即所有的 IO 都是输出且以传输线为负载，借此增加一些裕度。在这种情况下，每个输出电流 $I_{IO传输线}$ 都等于输出电压除以传输线的特征阻抗 Z_o，如式（5-9）所示。

$$I_{IO传输线} = \frac{V_{IO}}{Z_o} \tag{5-9}$$

• 在式（5-10）中，区域的 IO 总电流 $I_{IO总}$ 等于 DSP 本身的 IO 电流加上驱动传输线的 IO 电流。

$$I_{IO总} = I_{IO区域} + J \times I_{IO传输线} \tag{5-10}$$

将式（5-9）代入式（5-10），

$$I_{IO总} = I_{IO区域} + J \times \frac{V_{IO}}{Z_o} \tag{5-11}$$

• 利用下面的式（5-13）计算该区域总的去耦电容。

$$I_{IO总} = C_{IO}\frac{dV_{IO}}{dt} \tag{5-12}$$

$$C_{IO} = I_{IO总}\frac{dt}{dV_{IO}} \tag{5-13}$$

式中，dt 是区域内最快的上升时间；dV 是 IO 电压允许的最大纹波，假设纹波为 50mV。

- 接下来将总去耦电容乘以 40 计算本区域总的大容量电容。建议大容量电容至少要在总去耦电容的 10 倍以上[4]。每个区域采用一个大容量电容，以实现大容量电容与去耦电容之间的寄生电感最小化。
- 为了计算去耦电容的数量，要检查一下 PCB 的板面积，看看在 0.5in 宽的引脚间能布放多少电容。如果 DSP 封装采用的是一个布满焊点的球栅阵列，则可以采用与核去耦相同的技术，借助两条小径靠近电源引脚布放去耦电容。为了确定去耦电容的容值，可以用刚刚计算得到的总电容值除以该区域能够布放的电容的个数。最好选用一个自谐振频率等于特定区域最大频率的电容。例如，若视频接口 IO 工作在 100MHz，则在该区域至少要有一个谐振频率为 100MHz 的电容。而对于这一区域内的其他电容，应选择尽可能高的谐振频率值。

这种去耦分析方法为设计者提供了一个很好的初始值。如前所述，设计者还要对去耦电容进行优化以确保 PCB 在设计过程中具有低噪声和低 EMI。下面通过一个示例说明如何在一个典型设计中应用这一方法。

示例 5.1：

采用一个 289 引脚的 BGA（球栅阵列）DSP[5]。穿过图5-11 所示的区域画两条对角线，将 289 引脚的封装分成 4 个区域。统计每个区域内核电压引脚、IO 电压引脚和 IO 信号的个数，不包括地线引脚。同时，对重要的部分予以关注，如快速外部存储器接口（EMIFF）、锁相环（PLL）以及其他高速串行/并行接口。假设所有的 IO 输出都驱动一条 60Ω 的传输线，假设所有的信号组都被划分在同一区域。这样的假设是合理的，但在有些情况下，为了使一组信号划分在同一区域也可能要对区域的边界进行修改。对于 PLL 和其他模拟电源引脚的去耦方法将在第 6 章和第 7 章讲述。

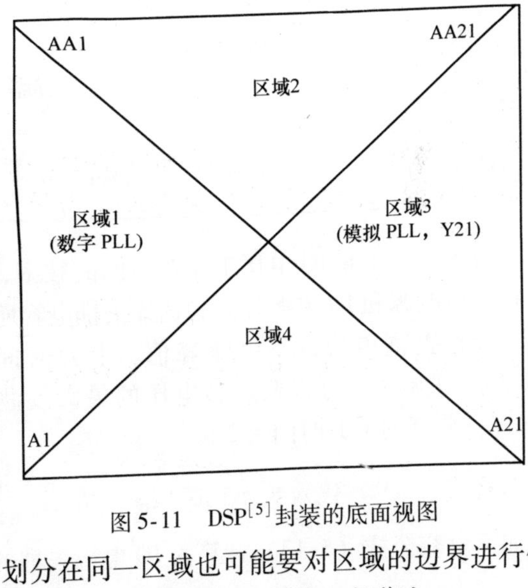

图 5-11　DSP[5] 封装的底面视图

区域 1：3 个核电压引脚，8 个 IO 电压引脚，54 个输入/输出引脚
区域 2：3 个核电压引脚，4 个 IO 电压引脚，59 个输入/输出引脚
区域 3：3 个核电压引脚，3 个 IO 电压引脚，59 个输入/输出引脚
区域 4：4 个核电压引脚，6 个 IO 电压引脚，55 个输入/输出引脚

接下来要对每个区域所需要的开关电流进行保守估算。

表 5-2 给出了全部 4 个区域开关电流的计算过程。为了根据表 5-2 计算电容，做如下保守假设：

- 最大核电流 = 典型电流 ×2 ×（1 +100% 的裕度）=170mA ×2 ×2 =680mA
- 器件 IO 电流 = 典型 IO 电流 ×2 ×（1 +100% 的裕度）=45mA ×2 ×2 =180mA
- IO 总电流 = 器件 IO 电流 + 驱动传输线的 IO 电流
- 假设一个区域内有一半的输入与输出同时开关，且都驱动一条 60Ω 的传输线。由于 4 个区域内有许多信号因变化缓慢而不能视为传输线，因此这是一个十分保守的假设。

表 5-2　开关电流估算

区域	总核电流的峰值，$I_{C区域}$ ㊀	器件 IO 电流，$I_{IO区域}$	驱动传输线的 IO 电流，$I_{IO传输线}$	IO 总电流，$I_{IO区域}+I_{IO传输线}$
区域 1	$\frac{680\text{mA}}{13}\times3=157\text{mA}$	$\frac{180\text{mA}}{21}\times8=69\text{mA}$	$\frac{3.3\text{A}}{60}\times54=2.97\text{A}$	69mA +2. 97A ≈3A
区域 2	同区域 1，157mA	$\frac{180\text{mA}}{21}\times4=34\text{mA}$	$\frac{3.3\text{A}}{60}\times60=3.3\text{A}$	3. 3A +34mA ≈3. 3A
区域 3	同区域 1，157mA	$\frac{180\text{mA}}{21}\times3=26\text{mA}$	$\frac{3.3\text{A}}{60}\times59=3.3\text{A}$	3. 3A +26mA ≈3. 3A
区域 4	$\frac{680\text{mA}}{13}\times4=209\text{mA}$	$\frac{180\text{mA}}{21}\times6=51\text{mA}$	$\frac{3.3\text{A}}{60}\times55=3\text{A}$	3A +51mA ≈3. 1A

由于核电压和 IO 电压工作在不同的频率，因此需要分别进行去耦计算。以下是为核电源和 IO 电源计算和选择去耦电容所需的步骤。

计算去耦电容，将电流峰值、上升时间和最大电压纹波代入下面的式（5-7），求解 C。可以假设核电压的最大纹波为 10mV，IO 电压的最大纹波为 50mV，典型的上升时间为 2ns。

$$C_{核}=I_{C区域}\frac{\mathrm{d}t}{\mathrm{d}V}$$

用如下电容公式（5-13）计算为 IO 电压去耦的总电容：

$$C_{IO}=I_{IO总}\frac{\mathrm{d}t}{\mathrm{d}V_{IO}}$$

下面计算每个区域所需的总电容。

㊀ 原文为 $I_{IOTOtal}$总，根据上下文改。——译者注

区域1：总核电容，$C_{核} = 157\text{mA}\dfrac{2\text{ns}}{10\text{mV}} = 0.03\mu\text{F}$

总IO电容，$C_{IO} = 3\text{A}\dfrac{2\text{ns}}{50\text{mV}} = 0.08\mu\text{F}$㊀

有3个核电压引脚工作在150MHz（CPU频率），8个IO电压引脚工作在40MHz（EMIFS频率）。我们希望能为多个电源引脚配置多个电容，但是由于元器件周围的空间有限而存在一定的物理限制。根据DSP[5]封装，在每个区域仅有足够的板空间布放4~5个电容。根据这种情况，选择两个电容为区域1中的核电压引脚去耦，其总容值约为0.03μF，其中，至少要有一个电容的自谐振频率应在150MHz左右；再选择三个电容为区域1中的IO电压引脚去耦，总容值约为0.08μF，其中，至少要有一个电容的自谐振频率应在75MHz㊁左右。

综上，对于区域1中的核电压，使用两个0.022μF（共0.044μF）的陶瓷电容；对于IO电压，使用三个0.033μF（共0.099μF）的陶瓷电容。

接下来要为核电压和IO电压计算大容量电容。大容量电容的布放不像去耦电容的布放那么重要，但是需要大容量电容对通常由开关电源产生的低频纹波进行滤波，并为去耦电容充电。

一个经验方法是选择大容量电容至少要在总去耦电容的10倍以上，保守做法我们选用40倍。

对于区域1中的核电压：40×总核电容=40×0.03μF=1.2μF。

对于区域1中的IO电压：40×总IO电容=40×0.08μF=3.2μF。

如本章前面所述，最好在DSP的4个区域增加4个大电容，而最小的钽电容为4.7μF。为此，区域1中的IO电容和核电容均选用4.7μF的钽电容。

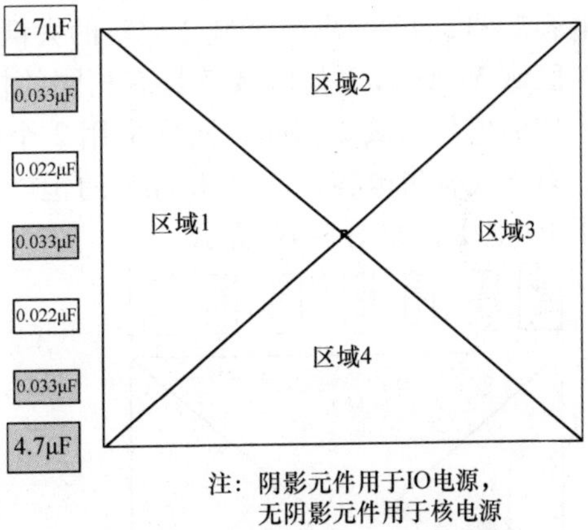

图5-12 区域1的去耦电容

综上所述，图5-12给出了为DSP的区域1去耦的完整示意图。下面对区域2、3、4重复相同的步骤。

㊀ 实际计算结果应为0.12μF，但原文中为0.08μF，后文的分析也是根据这一数值进行的，所以此处还是保留0.08μF。——译者注

㊁ 原文中为75MHz，但是根据上文的分析，译者认为此处为40MHz即可。保留原文，未做改动。——译者注

区域 2：　　总核电容，$C_{核} = 157\text{mA}\,\dfrac{2\text{ns}}{10\text{mV}} = 0.03\mu\text{F}$

$$总 IO 电容，C_{IO} = 3.3\text{A}\,\frac{2\text{ns}}{50\text{mV}} = 0.13\mu\text{F}$$

有 3 个核电压引脚工作在 150MHz（CPU 频率），4 个 IO 电压引脚工作在 40MHz（EMIFS 频率）。根据 DSP[5] 封装，在每个区域仅有足够的板空间布放 4 ~5 个电容。根据这种情况，选择 2 个电容为区域 2 中的核电压引脚去耦，其总容值约为 0.03μF，其中，至少要有一个电容的自谐振频率应在 150MHz 左右；再选择 3 个电容为区域 2 中的 IO 电压引脚去耦，总容值约为 0.13μF，其中，至少要有一个电容的自谐振频率应在 75MHz⊖左右。

综上，对于区域 2 中的核电压，使用 2 个 0.022μF（共 0.044μF）的陶瓷电容；对于 IO 电压，使用 3 个 0.047μF（共 0.14μF）的陶瓷电容。

接下来要为核电压和 IO 电压计算大容量电容。一个经验方法是选择大容量电容至少要在总去耦电容的 10 倍以上，保守做法我们选用 40 倍。

对于区域 2 中的核电压：$40 \times C_{核} = 40 \times 0.03\mu\text{F} = 1.2\mu\text{F}$。

对于区域 2 中的 IO 电压：$40 \times C_{IO} = 40 \times 0.13\mu\text{F} = 5.2\mu\text{F}$。

为此，在区域 2 中为核电压选用 4.7μF 的钽电容，为 IO 电压选用 6.8μF 的钽电容。图 5-13 给出了区域 2 完整的去耦示意图。

区域 3：区域 3 与区域 2 具有相同的核电流和 IO 电流，因此，核电容与 IO 电容的值也与区域 2 相同，同样采用 2 个 0.022μF 的电容和 3 个 0.047μF 的电容。对于大容量电容，一个 4.7μF 的钽电容用于核电压，一个 6.8μF 的钽电容用于 IO 电压，如图 5-14 所示。

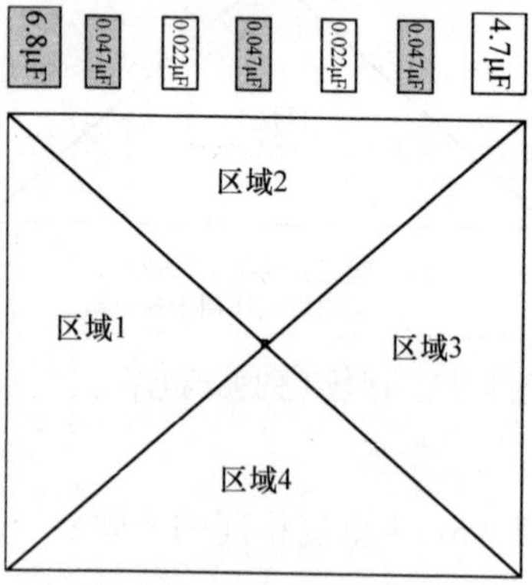

注：阴影元件用于IO电源，
无阴影元件用于核电源

图 5-13　区域 2 的去耦电容

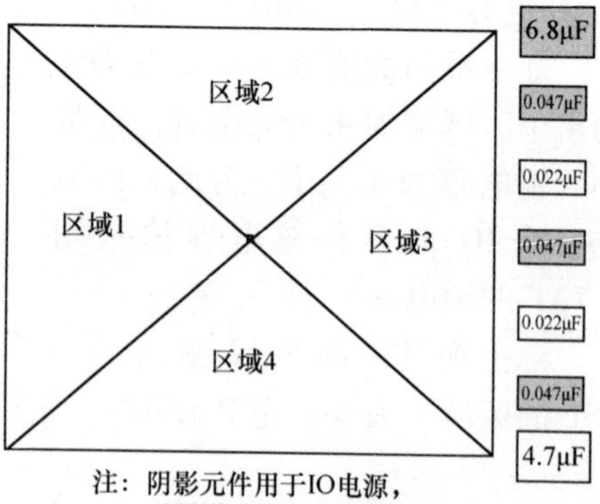

注：阴影元件用于IO电源，
无阴影元件用于核电源

图 5-14　区域 3 的去耦电容

⊖ 原文中为 75MHz，但是根据上文的分析，译者认为此处应为 40MHz。——译者注

区域4： 总核电容，$C_{核} = 209\text{mA}\dfrac{2\text{ns}}{10\text{mV}} = 0.042\mu\text{F}$

总IO电容，$C_{IO} = 3.1\text{A}\dfrac{2\text{ns}}{50\text{mV}} = 0.124\mu\text{F}$

有4个核电压引脚工作在150MHz（CPU频率），6个IO电压引脚工作在40MHz（EMIFS频率）。根据DSP[5]封装，在每个区域仅有足够的板空间布放4～5个电容。根据这种情况，选择2个电容为区域4中的核电压引脚去耦，其总容值约为0.042μF，其中，至少要有一个电容的自谐振频率应在150MHz左右；再选择3个电容为区域4中的IO电压引脚去耦，总容值约为0.124μF，其中，至少要有一个电容的自谐振频率应在75MHz㊀左右。

综上，对于区域4中的核电压，使用2个0.027μF（共0.054μF）的陶瓷电容；对于IO电压，使用3个0.047μF（共0.14μF）的陶瓷电容。

接下来为核电压和IO电压计算大容量电容。一个经验方法是选择大容量电容至少要在总去耦电容的10倍以上，保守做法我们选用40倍。

对于区域4中的核电压：$40 \times C_{核} = 40 \times 0.054\mu\text{F} = 2.16\mu\text{F}$。

对于区域4中的IO电压：$40 \times C_{IO} = 40 \times 0.14\mu\text{F} = 5.64\mu\text{F}$。

为此，在区域4中为核电压选用4.7μF的钽电容，为IO电压选用6.8μF的钽电容，如图5-15所示。

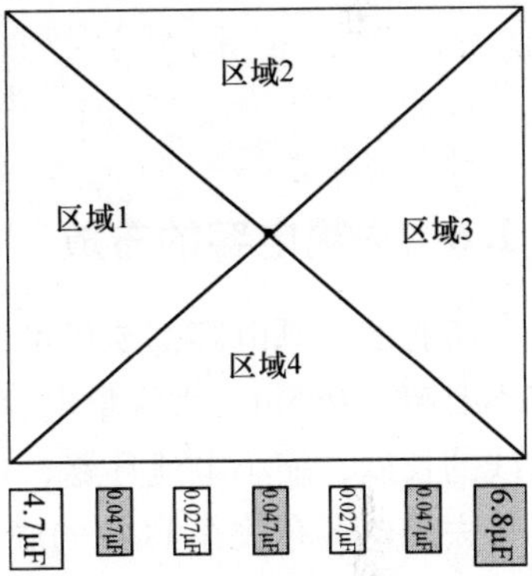

注：阴影元件用于IO电源，无阴影元件用于核电源

图5-15 区域4的去耦电容

表5-3总结了为DSP的4个区域计算的所有电容，图5-16为完整的示意图。

表5-3 去耦电容汇总

区域	用于核的陶瓷电容	用于核的大电容	用于IO的陶瓷电容	用于IO的大电容
区域1	2×0.022μF	1×4.7μF	3×0.033μF	1×4.7μF
区域2	2×0.022μF	1×4.7μF	3×0.047μF	1×6.8μF
区域3	2×0.022μF	1×4.7μF	3×0.047μF	1×6.8μF
区域4	2×0.027μF	1×4.7μF	3×0.047μF	1×6.8μF

㊀ 原文中为75MHz，但是根据上文的分析，译者认为此处应为40MHz。——译者注

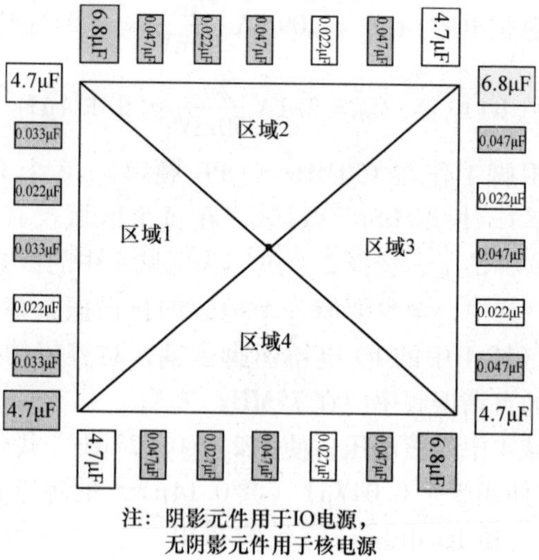

图 5-16　DSP 去耦示意图

5.1.6　去耦电容的布放

所有的去耦电容都要尽可能地靠近引脚布放，这一点至关重要，大多数情况下不要超过 0.5in。大容量电容则要尽可能地靠近去耦电容布放，这样可以减小引线的长度，缩小电流环路，在使寄生电感最小化的同时降低辐射。最好的办法是将去耦电容布放在 PCB 的底层，将大容量电容布放在 PCB 的顶层或底层靠近去耦电容的地方。

综上所述，每个区域内应有两个大容量电容，一个用于核电压，一个用于 IO 电压，以及在空间允许的情况下布放的尽可能多的去耦电容。图 5-17 是一个在 PCB 底层布放电容的非常好的例子。用于核去耦的去耦电容和 4 个大容量电容布放在 DSP 正下方 BGA 封装内部的开放空间内，用于 IO 去耦的去耦电容和大容量电容布放在 BGA 封装的周围。之所以能这样做是因为这种特殊的 BGA 封装不像布满焊点的 BGA 封装那样所有的焊球完全布满封装的底部。

如果使用的封装是布满焊点的 BGA 封装，则有必要通过布线将信号从 DSP 封装引出到外部电路，如图 5-18 所示在 DSP 的下面形成了两条小径用于布放去耦电容，这样利用这两条小径就可以布放尽可能多的去耦电容。在这种情况下可以将大容量电容和一些 IO 电容布放在 DSP 封装的周围。以下是对构建小径提出的一些建议：

- 电源引脚和地引脚应离小径最近，以便为电容提供最短的连接路径。
- 小径未必要像图 5-18 那样是对称的。

图 5-17　一个布放去耦电容的好例子

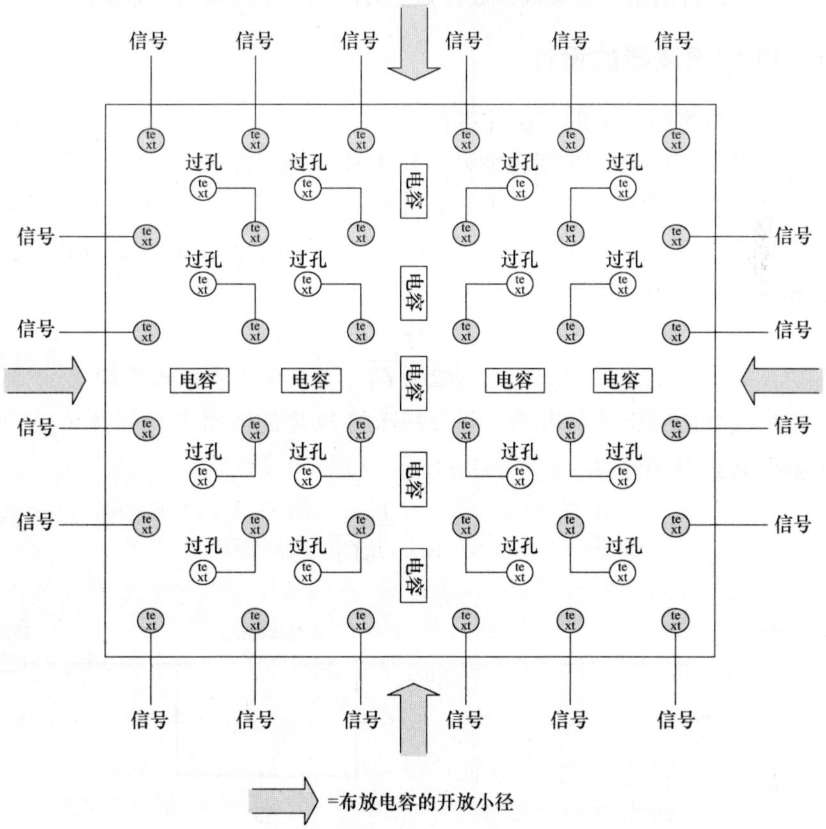

图 5-18　布满焊点的网格状布局示例（DSP 底视图）

• 只要能让去耦电容靠近电源引脚，设计人员也可以用位于 DSP 下面的电容岛来代替小径。比如设计人员可能想要构建多个电容岛来代替这两条小径，每个电容岛都包括一个或多个去耦电容。

5.2 高频噪声隔离

截至目前所讲述的去耦方法都是在 DSP 本地对噪声进行滤波。而在某些情况下为了保护一些重要的模块，必须对整个电源层进行隔离，之所以这样要求是为了防止外部噪声窜入这些模块，或者为了防止类似振荡器一样的噪声电路耦合到电源层。电源层通常采用 Pi 型滤波器或 T 型滤波器进行隔离。Pi 型滤波器由两个电容和一个铁氧体磁珠构成，而 T 型滤波器由一个电容和两个铁氧体磁珠构成。通常利用这些滤波器与输入和输出系统的信号级联或者与电源级联以减小辐射干扰。滤波器的通频带必须精确计算，以确保有足够的带宽通过所需的信号，且不会降低信号质量，特别是一些关键参数，如上升时间、下降时间和幅度。

5.2.1 Pi 型滤波器的设计

滤波器的带宽按下面的方法计算：

对于图 5-19 所示的 Pi 型滤波器，从 DSP 的输出开始，第一个并联元件是 C_1，第二个串联元件是 Z，第三个并联元件是 C_2。因此，该滤波器的带宽是由 C_1、铁氧体磁珠 Z 和 C_2形成的三个极点决定的，前提假设 DSP 的输出阻抗与负载阻抗相匹配，该阻抗等于

$$\sqrt{\frac{L_z}{2 \times C_1}} \tag{5-14}$$

式中，L_z是铁氧体磁珠 Z 的电感。假设特殊的 Pi 型滤波器中 C_1等于 C_2，则 3 极点滤波器的转折频率[6]为

$$f_C = \frac{1}{\pi \sqrt{L_z C_1}} \tag{5-15}$$

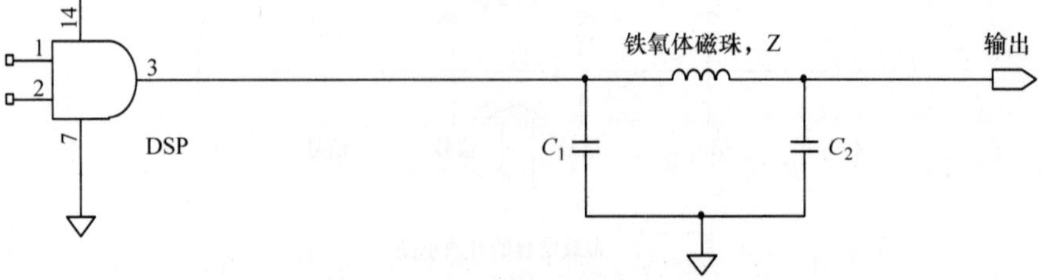

图 5-19 用于高速信号的 Pi 型滤波电路

图 5-20 为用于高速信号的 T 型滤波电路，图 5-21 为用于电源隔离的 Pi 型滤波电路，图 5-22 是这种特殊 Pi 型滤波器的频率响应。

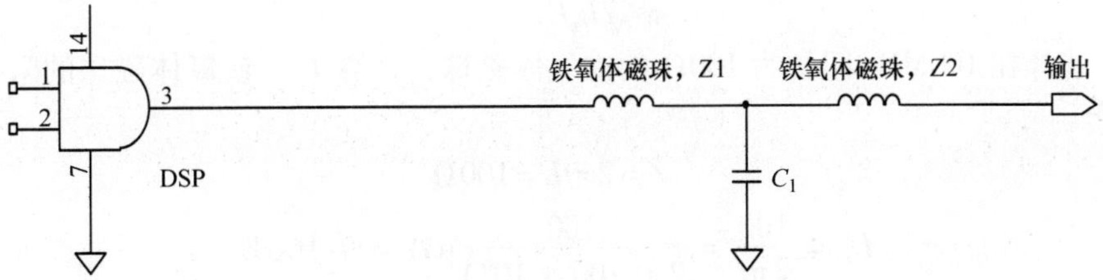

图 5-20 用于高速信号的 T 型滤波电路

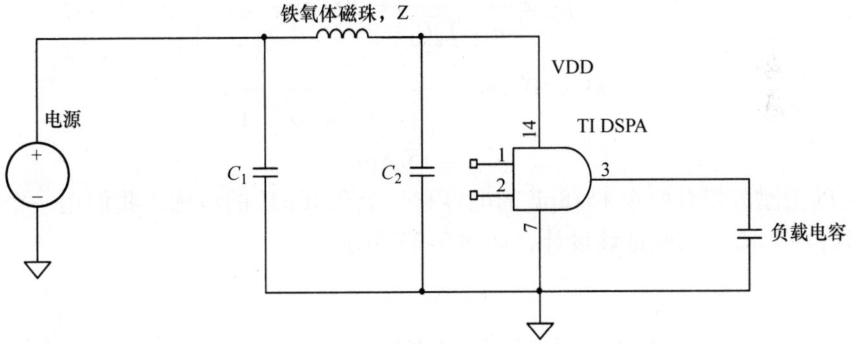

图 5-21 用于电源隔离的 Pi 型滤波电路

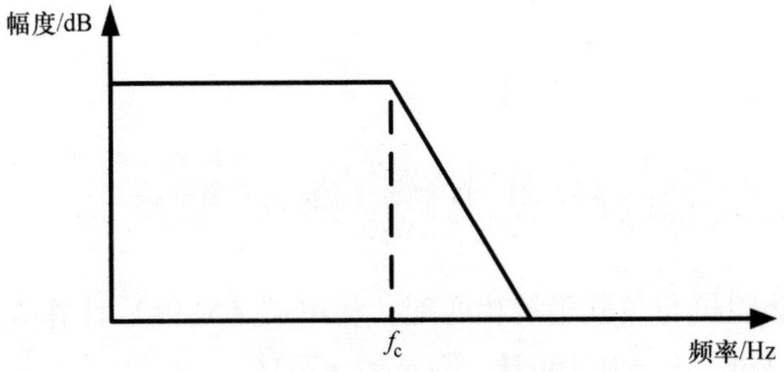

图 5-22 Pi 型滤波器的频率响应

Pi 型滤波器设计实例：

我们为驱动电脑显示器的图形控制器红绿蓝（RGB）模拟信号输出设计一个 Pi 型滤波器。假设 RGB 信号的模拟带宽为 100MHz，以下对滤波器中的元件进行计算。

令 f_C = 200MHz。将滤波器设置在 200MHz 是为了提供 100MHz 的裕量（200MHz 减 100MHz），以确保滤波器不会影响视频信号的带宽。

滤波器的转折频率为

$$f_C = \frac{1}{\pi\sqrt{L_z C_1}} = 200\text{MHz}$$

选择在100MHz阻抗为100Ω的铁氧体磁珠，计算 L_z。铁氧体磁珠的阻抗 Z 等于

$$Z = 2\pi f L = 100\Omega$$

$$L_z = \frac{100}{2\pi f} = \frac{100}{2\pi(100\times10^6)}\mu\text{H} = 0.16\mu\text{H}$$

再将 L_z 和 f_C 代入式（5-15）求解 C_1。

$$f_C = \frac{1}{\pi\sqrt{L_z C_1}} = 200\text{MHz}$$

$$200\times10^6 = \frac{1}{\pi\sqrt{(0.16\times10^{-6})C_1}}$$

$$C_1 = 15.8\text{pF}$$

则该Pi型滤波器有两个15.8pF的电容和一个0.16μH的电感。我们用一个模拟电路仿真工具[7]来验证该设计，如图5-23所示。

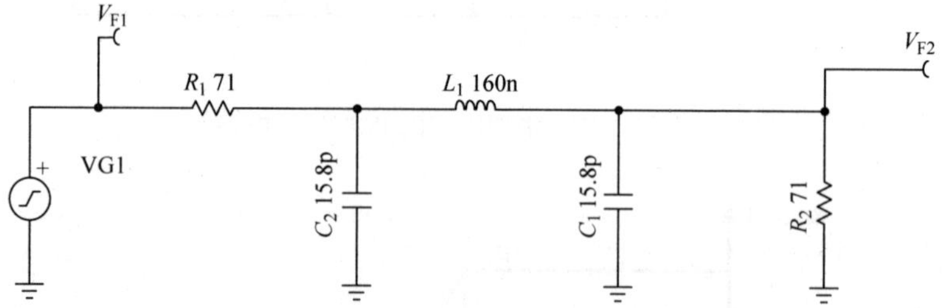

图5-23 Pi型滤波电路仿真模型

为了使电源阻抗与负载阻抗相匹配，利用式（5-14）计算 R_1 和 R_2 的值。本例中，$C_1 = 15.8\text{pF}$，$L_z = 0.16\mu\text{H}$，$R_1 = R_2 = 71\Omega$。

图5-24是图5-23所示电路模型的仿真结果。在从直流到100MHz的通带内有－6dB的衰减，这是由于71Ω的源电阻和71Ω的负载电阻形成了一个分压电路。这种情况下产生的衰减为

$$20\log_{10}\frac{V_{F2}}{V_{F1}} \tag{5-16}$$

其中，

$$V_{F2} = \frac{71}{71+71}V_{F1} \tag{5-17}$$

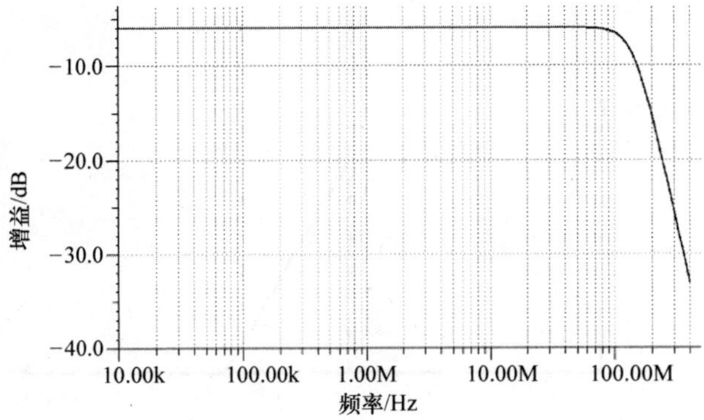

图5-24 Pi型滤波电路仿真结果

将式（5-17）代入式（5-16）求解衰减量。

$$衰减量 = 20\log_{10}\frac{71}{71+71} = -6\text{dB}$$

与仿真结果显示的通带内有-6dB的信号衰减是一致的。

对于滤波器的转折频率，仿真结果显示在100MHz信号开始以60dB/十倍频程的斜率下降。这一结果是正确的，这是由于这是一个3极点低通滤波器，每个极点带来20dB/十倍频程的斜率。由于每个极点的-3dB转折频率都在200MHz，Pi型滤波器有3个极点（2个电容，1个铁氧体磁珠），合并后的转折频率在200MHz，此处有一个-9dB的衰减，如仿真结果所示。

5.2.2 T型滤波器的设计

滤波器的带宽按下面的方法计算：

对于图5-20所示的T型滤波器，从DSP的输出开始，第一个串联元件是L_1，第二个并联元件是C_1，第三个串联元件是L_2。因此，滤波器的带宽是由两个等效为电感的铁氧体磁珠和C_1形成的三个极点决定的，前提假设DSP的输出阻抗与负载阻抗相匹配，该阻抗等于

$$\sqrt{\frac{L_z}{2\times C_1}} \tag{5-18}$$

假设特殊的T型滤波器中$L_1=L_2$，则3极点滤波器的转折频率[6]为

$$f_C = \frac{1}{\pi\sqrt{L_z C_1}} \tag{5-19}$$

图5-25是这种特殊T型滤波器的频率响应。

T型滤波器设计实例：

我们为驱动电脑显示器的图形控制器红绿蓝（RGB）模拟信号输出设计一

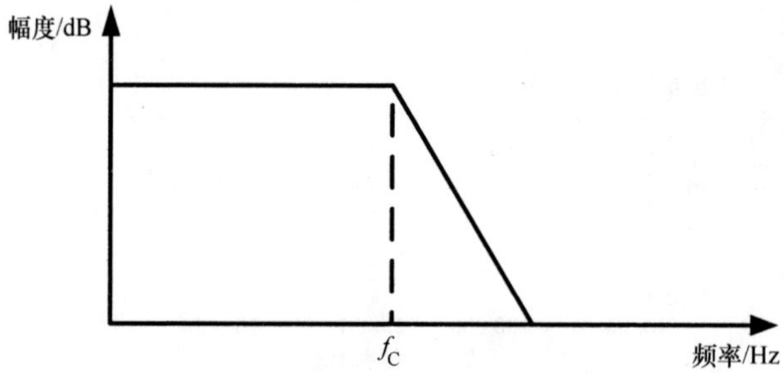

图 5-25　T 型滤波器的频率响应

个 T 型滤波器。假设 RGB 信号的模拟带宽为 100MHz，以下对滤波器中的元件进行计算：

令 f_C = 200MHz。将滤波器设置在 200MHz 是为了提供 100MHz 的裕量（200MHz 减 100MHz），以确保滤波器不会影响视频信号的带宽。

滤波器的转折频率为

$$f_C = \frac{1}{\pi\sqrt{L_z C_1}} = 200\text{MHz}$$

选择在 100MHz 阻抗为 100Ω 的铁氧体磁珠，计算 L_z。铁氧体磁珠的阻抗 Z 为

$$Z = 2\pi f L = 100\Omega$$

$$L_z = \frac{100}{2\pi f} = \frac{100}{2\pi(100\times10^6)} = 0.16\mu\text{H}$$

再将 L_z 和 f_C 代入式（5-19）求解 C_1。

$$f_C = \frac{1}{\pi\sqrt{L_z C_1}} = 200\text{MHz}$$

$$200\times10^6 = \frac{1}{\pi\sqrt{(0.16\times10^{-6})C_1}}$$

$$C_1 = 15.8\text{pF}$$

则该 T 型滤波器有两个 0.16μH 的铁氧体磁珠和一个 15.8pF 的电容。我们用一个模拟电路仿真工具[7]来验证该设计，如图 5-26 所示。

为了使电源阻抗与负载阻抗相匹配，利用式（5-18）计算 R_1 和 R_2 的值。本例中，$C_1 = 15.8\text{pF}$，$L_1 = L_2 = 0.16\mu\text{H}$，$R_1 = R_2 = 71\Omega$。

图 5-27 是图 5-26 所示电路模型的仿真结果。在从直流到 100MHz 的通带内有 -6dB 的衰减，这是由于 71Ω 的源电阻和 71Ω 的负载电阻形成了一个分压电

路。这种情况下产生的衰减为

$$20\log_{10}\frac{V_{F2}}{V_{F1}} \tag{5-20}$$

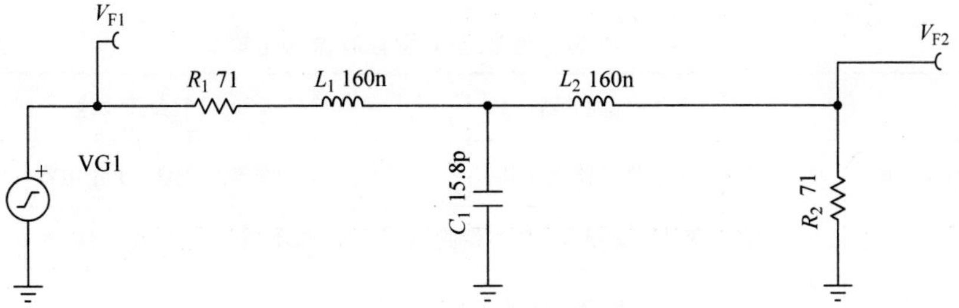

图 5-26 T型滤波电路仿真模型

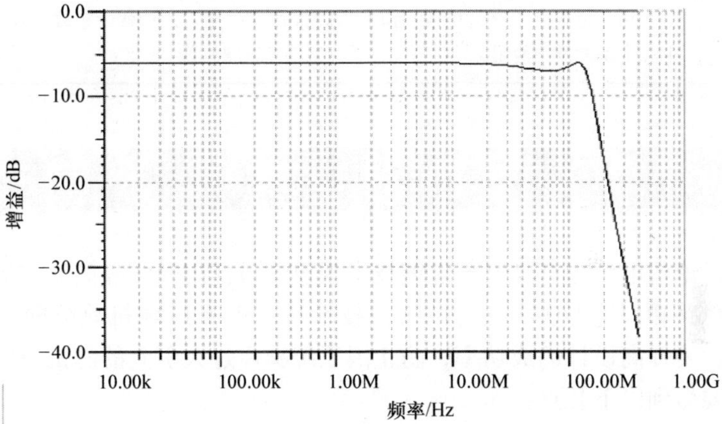

图 5-27 T型滤波电路仿真结果

其中，

$$V_{F2} = \frac{71}{71+71}V_{F1} \tag{5-21}$$

将式（5-21）代入式（5-20）求解衰减量。

$$衰减量 = 20\log_{10}\frac{71}{71+71} = -6\text{dB}$$

与仿真结果显示的通带内有 -6dB 的信号衰减是一致的。

对于滤波器的转折频率，仿真结果显示在 100MHz 信号开始以 60dB/十倍频程的斜率下降。这一结果是正确的，这是由于这是一个 3 极点的低通滤波器，每个极点带来 20dB/十倍频程的斜率。由于每个极点的 -3dB 转折频率都在

200MHz，T 型滤波器有 3 个极点（2 个铁氧体磁珠，1 个电容），合并后的转折频率在 200MHz，有一个 -9dB 的衰减，如仿真结果所示。Pi 型滤波器和 T 型滤波器的比较见表 5-4。

表 5-4 Pi 型滤波器与 T 型滤波器的比较

	Pi 型滤波器	T 型滤波器
1. 所用元件	2 个电容，1 个铁氧体磁珠	2 个铁氧体磁珠，1 个电容
2. 成本	电容比铁氧体磁珠便宜，成本稍低	成本稍高
3. 效果	效果稍好，由于 RGB 接线端旁有一个接地电容，减小了 RF 电流回路，降低了 ESD㊀敏感性	难以将电容靠近接线端布放
4. 电源隔离	由于电容可以靠近电源引脚布放，推荐在电源滤波中使用	电容无法就近布放，效果不如 Pi 型滤波器

5.3 小结

本章讨论的电源去耦和噪声隔离技术为设计最佳的噪声隔离滤波器提供了实用的设计思路和理论方法。低劣的去耦技术是 DSP 系统随机故障的一个根本原因。为此，要提高设计的成功率，防止因系统噪声过大引起的随机逻辑故障，设计人员需要做到以下几点：

- 应用本章所述的一般性去耦方法或去耦分析方法。
- 遵循本章给出的方法合理布放去耦电容。在设计中选用合适的元件（铁氧体磁珠、电感、电容或电阻）。
- 应用 Pi 型滤波器隔离噪声，并将电容尽可能靠近接线端布放。这样做可以使射频电流环路最小化，同时提供静电保护。
- 在元件布局之前用模拟仿真工具[7]对所做的设计进行仿真，验证所有的计算结果。

㊀ ESD，Electro - Static Discharge，静电释放。——译者注

参考文献

[1] Johnson H, Graham M (1993) High-Speed Digital Design – A Handbook of Black Magic. Prentice Hall PTR, New Jersey.

[2] Mentor Graphics (2004) Hyperlynx Signal Integrity Simulation software. http://www.mentor.com/products/pcb-system-design/circuitsimulation/hyperlynx-signal-integrity/.

[3] Murata Manufacturing Co. (2009) Murata EMI Filter Selection Simulator.

[4] Ott Henry (2009) Electromagnetic Compatibility Engineering. John Wiley and Sons, New Jersey.

[5] Texas Instruments Inc (2002) OMAP5910 Dual-Core Processor Data Manual. http://focus.ti.com/lit/ds/symlink/sm320c6713b-ep.pdf.

[6] Kaiser Kenneth, (2005) Electromagnetic Compatibility Handbook. CRC Press, Florida.

[7] Texas Instruments Inc (2008) Spice-Based Analog Simulation Program. http://focus.ti.com/docs/toolsw/folders/print/tina-ti.html.

第 6 章

锁相环（PLL）

对于需要不同的时钟频率分别同步向外部发送数据和同步从外部接收数据的电子元件和/或电子模块，锁相环（Phase Locked Loop，PLL）几乎是所有这些元件和/或模块的核心。PLL 的输入时钟远远低于 DSP 的最大时钟频率。PLL 通常用作频率合成器为 DSP 的核生成时钟信号。例如，1.2GHz DSP[1] 的输入时钟为 66MHz。

PLL 是一个对电源噪声非常敏感的模拟电路。噪声引发抖动，过度的抖动会引发时序冲突，而时序冲突则会导致系统故障。模拟 PLL（APLL）和数字 PLL（DPLL）是两种主要的 PLL 结构。理解这两种结构的不同有助于在设计中做出权衡，实现最大限度地减小由外部电路，比如电源和其他噪声开关装置引起的噪声和抖动。

6.1 模拟 PLL（APLL）

如上所述，PLL 通常将一个整数与输入时钟相乘作为频率合成器，该整数是反馈计数器 M 除以输入计数器 N 的比值，如图 6-1 所示。

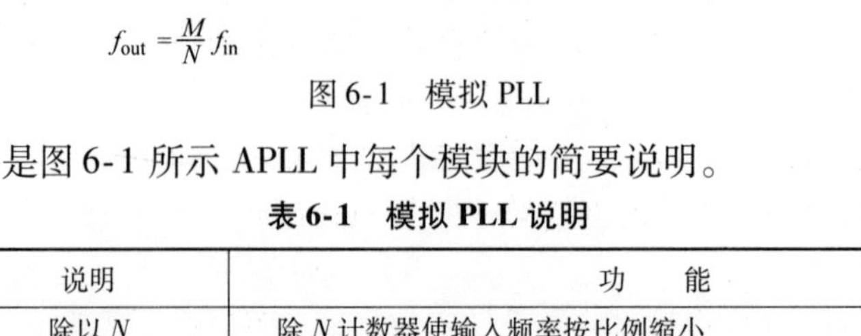

$$f_{out} = \frac{M}{N} f_{in}$$

图 6-1　模拟 PLL

下表 6-1 是图 6-1 所示 APLL 中每个模块的简要说明。

表 6-1　模拟 PLL 说明

名称	说明	功　　能
/N	除以 N	除 N 计数器使输入频率按比例缩小
PFD	相频检测器	PFD 将输入时钟信号和反馈时钟信号的频率和相位进行比较，生成一个误差信号

（续）

名称	说明	功　能
CP	电荷泵	通常是一个恒流源，受 PFD 模块输出的误差信号控制
VCO	压控振荡器	VCO 的振荡频率受直流输入电压控制，该直流输入电压是通过对误差信号积分得到的
/*M*	除以 *M*	除 *M* 计数器使输出频率按比例缩小

以下简要介绍 PLL 是如何用作频率合成器的。

1. 参考时钟与 PFD 的输入端相连，除 *N* 计数器降低了输入频率。

2. PFD 将除 *M* 计数器的输出与参考时钟相比较，生成一个误差信号。

3. 基于误差信号，CP 对环路滤波器当前存储的电荷进行充电或放电，使 VCO 的控制电压上升或者下降，图 6-1 所示是一个 RC 滤波器。对于某些结构的 PLL，提高 VCO 控制电压可以提高时钟输出频率，降低 VCO 控制电压可以降低时钟输出频率。

4. 对相位不断进行校正，直到来自除 *M* 计数器的反馈信号与参考时钟同步。在这一点上，误差电压应为零。

5. 输出时钟频率等于除 *M* 计数器与除 *N* 计数器的比值与输入时钟频率的乘积。根据以往经验，作为乘数的比值越大，产生的抖动越大，因此设计 PLL 时要使 *M* 与 *N* 的比值尽可能小。对于一个给定的输入频率 f_{in}，PLL 的输出频率 f_{out} 为

$$f_{out} = \frac{M}{N} f_{in} \tag{6-1}$$

式中，*M* 为 PLL 反馈计数器；*N* 为输入计数器。

6.1.1　PLL 抖动

在 PLL 设计中，抖动定义为相对于参考时钟的信号时移。DSP 中 PLL 抖动的三个主要来源包括由参考时钟自身产生的抖动、电源噪声以及来自外部和内部电路的耦合噪声。以下为设计人员列举了为使 DSP 的 PLL 抖动最小化所需的关键技术：

- 尽可能选择一个抖动最小的参考时钟振荡器。
- 加强对时钟电路的滤波以减小噪声对输出抖动的影响。有关 PLL 隔离的内容参见下节。
- 在参考时钟的输出端采用一个串联端接电阻以控制边沿变化率。
- 如有可能，以差分方式配送时钟信号。差分信号可以抑制共模噪声和串扰。

- 要将乘数设置得尽可能小，以获取最大的 DSP 工作频率。要记住相乘的比值越大产生的输出抖动越大。

在所有情况下抖动可以尽可能减小，但不能被消除。对于频率合成器和 DSP 性能有重大影响的三类确定性抖动[2]包括长期抖动、相邻周期间的抖动和周期抖动。

长期抖动：见图 6-2，图 6-2 中所示的长期抖动定义为在经过很多个过渡周期之后，输入信号相对于理想参考时钟的时移。长期抖动测量的是在第一个上升沿之后，经过很多个时钟周期（N 个）之后上升沿的偏差。

峰峰值抖动 = 最大周期长度(N 个周期内) - 最小周期长度(N 个周期内)

上式中最大周期长度等于用 1 除以 N 个周期内测量到的工作频率得到的最大周期长度，最小周期长度等于用 1 除以 N 个周期内测量到的工作频率得到的最小周期长度。

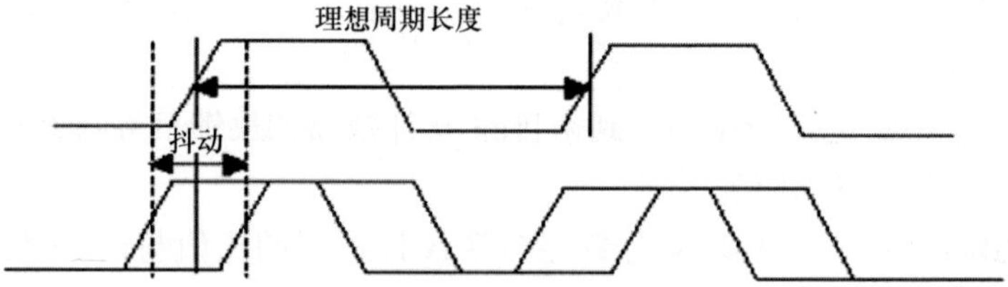

图 6-2　长期抖动

长期抖动可以利用自动抖动测量设备[3]或高速数字采样示波器进行测量。以下是利用示波器测量长期抖动的步骤：

- 利用一台高速 10GHz 采样示波器。
- 用输入时钟触发示波器，将示波器设置在无限余晖模式。
- 从第一个上升沿到第 N 个周期对偏差进行测量，图 6-3 中示波器上显示的“模糊区域”就是长期抖动。

周期间抖动：见图 6-4，图 6-4 中所示的周期间抖动定义为两个连续的时钟周期的周期长度偏差。

在图 6-4 中，测量周期间抖动可以用 t_1 减 t_2、t_2 减 t_3，以此类推。

周期间抖动的测量

由于目前市场上的采样示波器还无法测量到几个皮秒范围内的抖动，利用高速采样示波器很难精确测量到这个参数。最好的方法是利用一台时间间隔分析仪（TIA），一次捕获一个周期，比较两个连续周期的时间差异。还有一个办法是利用一台具有测量周期间抖动功能的示波器，该方法简述如下：

- 利用一台具有测量周期间抖动功能的高速 10GHz 采样示波器[4]。
- 触发 PLL 输出时钟，测量周期间抖动。用加窗方法测量从一个周期到另

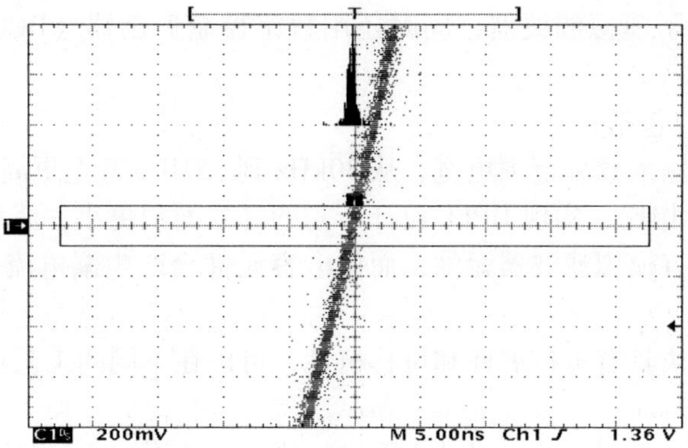

图 6-3　用数字示波器测量抖动

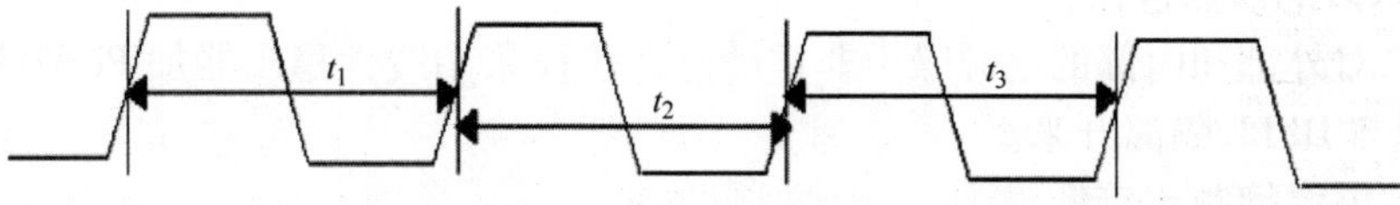

图 6-4　周期间抖动

一个周期的变化。

周期抖动：见图 6-5，图 6-5 中所示的周期抖动定义为在时钟周期的过渡过程中相对于理想位置的最大偏差。这些周期是非连续的。

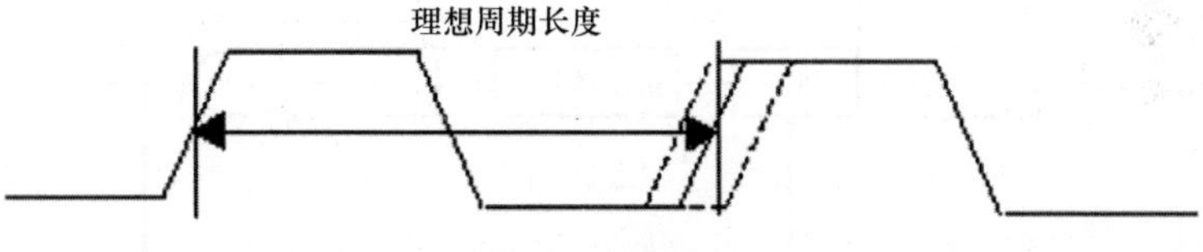

图 6-5　周期抖动

周期抖动的测量：

- 利用一台高速 10GHz 采样示波器[4]。
- 将示波器设置在无限余晖模式，在上升沿触发 PLL 时钟输出。
- 在时钟的下一个上升沿测量屏幕上的“模糊区域”。

综上所述，测量抖动可以使用高速数字采样示波器、时间间隔分析仪（TIA）或一台自动抖动测量设备[3]。

6.2　数字 PLL（DPLL）

APLL 与 DPLL 的主要区别在于 DPLL 用数字控制器模块在数字域对相位误差

进行滤波，代替了模拟滤波器，同时还用数字控制振荡器（DCO）代替了压控振荡器（VCO）。

DPLL 的优点包括：

- DPLL 的输入频率范围更宽，从 30kHz 到 65MHz 甚至更高。
- 与 APLL 相比，实现 DPLL 设计所需的硅片面积更小，消耗的功率更少。
- DPLL 没有模拟滤波器元件，而像电容元件会产生漏电流，因此 DPLL 功耗更低。
- DPLL 模块具有可扩展性和可移植性，可以在不同的工艺技术节点上实现相同的设计。
- DPLL 设计可以在减小抖动方面进行优化。然而对于一些对抖动敏感的设计，如 USB、音频与视频时钟，仍然无法令人满意。

DPLL 的缺点包括：

- 对外部和内部的电源噪声非常敏感，建议采用线性稳压器加 Pi 型滤波器将电源与 DPLL 隔离开来。
- 电源抑制比较低。
- 除了对电源比较敏感，量化噪声和相位检测器死区是输出抖动的主要来源。
- 需要采用一个 DAC 模块控制振荡器，这导致 DPLL 对噪声更加敏感。

图 6-6 是一个 DPLL 的典型结构[5]，表 6-2 对 DPLL 结构中每个模块的功能做了简要说明。

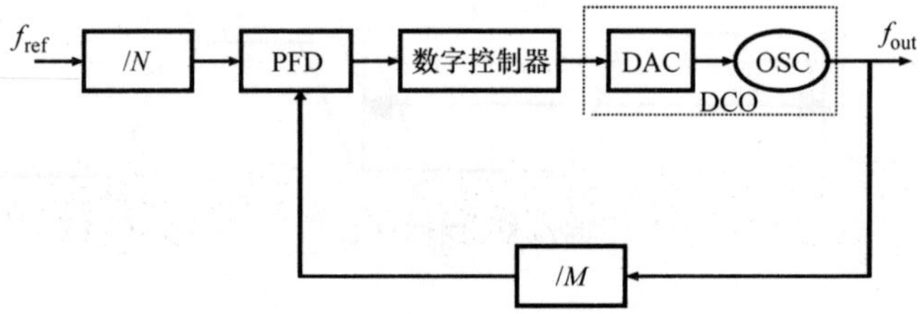

$$f_{out}=\frac{M}{N}f_{in}$$

图 6-6　典型 DPLL 结构

表 6-2　DPLL 每个模块的功能说明

名称	说明	功　能
/N	除以 N	除 N 计数器使输入频率按比例缩小
PFD	相频检测器	PFD 将输入时钟信号和反馈时钟信号的频率和相位进行比较，生成一个误差信号
数字控制器	数字控制器	该数字滤波器模块对相位误差信息进行检测，并以数字方式控制振荡器
DCO	数字控制振荡器	DCO 将控制编码转换为模拟电平，并生成一个稳定的时钟输出
/M	除以 M	除 M 计数器使输出频率按比例缩小

APLL 与 DPLL 抖动的特征

表 6-3 给出了模拟 PLL（APLL）与数字 PLL（DPLL）抖动的比较，从中可以看出过程变化所产生的影响，其中，Hot 为快速变化，Cold 为缓慢变化，Baseline 为典型变化。在该 DSP 设计中，DPLL 电源由一个内部的低压差稳压器（LDO）隔离而 APLL 则直接与公共电源层连接。为了测试噪声敏感性，将 100mV 的噪声从 100Hz 调制到 1MHz 注入到电源走线。结果表明 DPLL 的峰峰值周期抖动小于 3%，APLL 小于 2%。由于 LDO 的作用，加在电源上的噪声高达 50mV 时 DPLL 的抖动仍小于 4%。

表 6-3　APLL 与 DPLL 抖动比较

电源噪声	mV	100		100		100	
	Hz	100		10000		1000000	
	过程	峰峰值（ps）	最高频率时的抖动（%）	峰峰值（ps）	最高频率时的抖动（%）	峰峰值（ps）	最高频率时的抖动（%）
DPLL 周期抖动 CVDD㊀	Cold	201.21	2.90	219.12	3.16	199.38	2.87
	Baseline	180.05	2.59	181.58	2.61	177.31	2.55
	Hot	156.45	2.25	149.33	2.15	160.32	2.31
APLL 周期抖动 CVDD	Cold	195.11	1.87	192.06	1.84	195.11	1.87
	Baseline	198.30	1.90	191.38	1.84	197.96	1.90
	Hot	178.02	1.71	182.29	1.75	173.75	1.67

将一个信号加在电源上进行抖动测试时设计人员一定要谨慎处理。用于模仿电源噪声的信号的性质对 PLL 抖动有很大影响，频率低于 PLL 带宽的方波信号造成的 PLL 抖动最严重。至于噪声幅度，必须满足电压的峰峰值在电源的限值之内。例如，对于一个 1.6（1 ±3%）V 的内核，可以接受的噪声峰峰值的最大值为 96mV（最小值 -48mV，最大值 +48mV）。

6.3　PLL 隔离技术

如前几节所述，APLL 和 DPLL 对噪声都非常敏感，特别是对 PLL 带宽内的噪声更加敏感。为了防止高频 PLL 信号扩散到 PLL 以外的部分影响其他电路，必须对 PLL 进行隔离。同时 PLL 隔离还可以削弱传播到 PLL 电路的外部噪声，而外部噪声会引起过度的抖动。在许多情况下，外部的电源噪声会导致 PLL 工作不稳定，并导致 DSP 随机锁定。

6.3.1　Pi 型和 T 型滤波器

本文讨论两种用于隔离 PLL 的重要滤波器结构，低频滤波和高频滤波㊁。

㊀ 内核电压。——译者注

㊁ 这里的“低频”和“高频”是指转折频率低或高，而滤波器都是低通滤波器。——译者注

对于高频滤波，可以采用如图6-7和图6-8所示的Pi型滤波电路或T型滤波电路。

Pi型滤波电路由一个铁氧体磁珠L和两个电容C_1、C_2组成。该电路既可以进行输入隔离也可以进行输出隔离，来自3.3V电源的噪声可以被铁氧体磁珠和电容C_2衰减，PLL电路产生的噪声可以被铁氧体磁珠和电容C_1隔离。有关滤波器设计和仿真的内容参见第5章。

T型滤波电路由两个铁氧体磁珠和一个电容组成，如图6-8所示。与Pi型滤波器类似，3.3V电源的噪声由铁氧体磁珠L_1和电容C_1衰减，PLL噪声由铁氧体磁珠L_2和电容C_1隔离。有关滤波器设计和仿真的内容参见第5章。

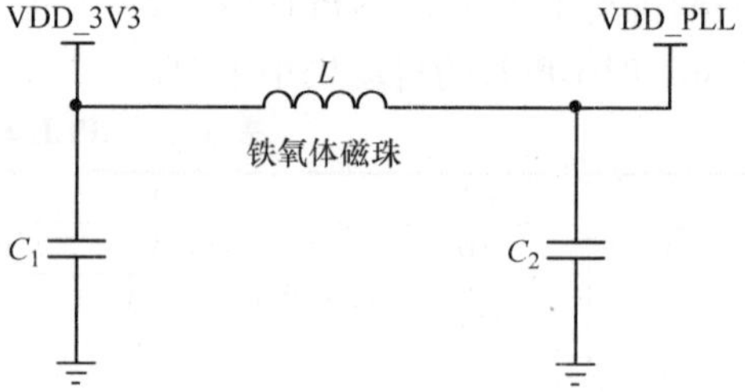

图6-7　Pi型滤波电路

Pi型和T型滤波电路滤除高频噪声的效果都很好，但由于铁氧体磁珠在低频时交流阻抗几乎为零，这两种电路在低频滤波时并不像高频滤波那样有效。由于Pi型滤波电路结构有可能将电容布放得更加靠近PLL电压引脚，可以确保对地阻抗更低，电流环路面积最小，从而减小噪声和EMI，因此Pi型滤波电路比T型滤波电路更具优势。

有两项通用的技术可用于低频隔离，带大容量电容的Pi型滤波电路和线性稳压器。

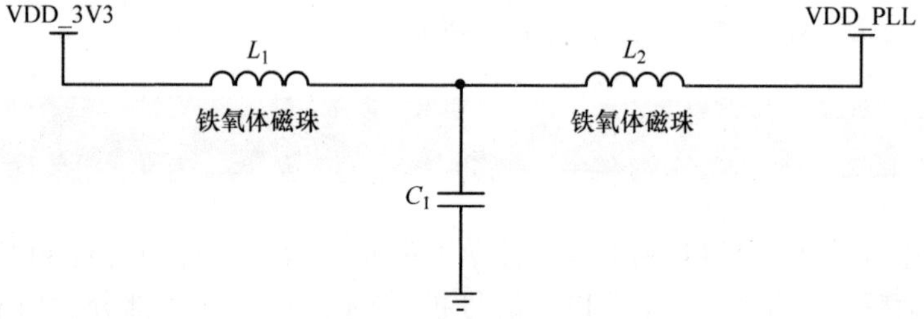

图6-8　T型滤波电路

低频滤波的一种方法如图6-9所示，图6-9中用电阻R代替了铁氧体磁珠，并在电路中增加了一个大容量电容C_3（10~33μF）。低频噪声被电阻R和大容量电容C_3衰减。要选择合适的电阻以确保电阻两端的电压降可以忽略不计。该滤波器的低频–3dB转折点可以用式（6-2）进行估算。注意在该滤波器中由于C_1和C_2的值都远远低于大电容C_3而被忽略不计。

$$f_{-3dB}=\frac{1}{2\pi RC_3} \tag{6-2}$$

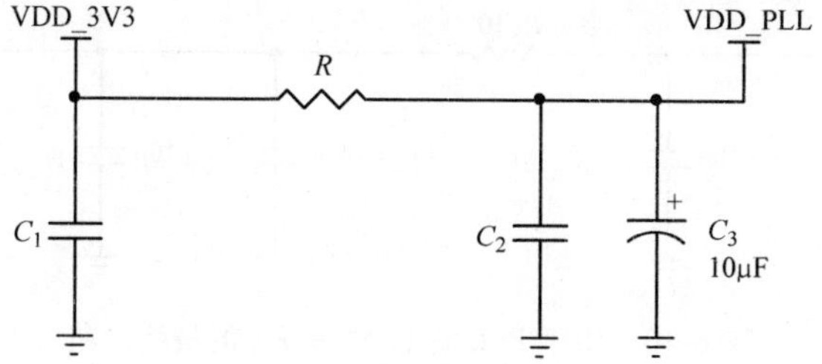

图 6-9　低频 Pi 型滤波电路

设计实例 6. 1

设计一个 PLL 电源滤波电路，在 15kHz 时要衰减 20dB。PLL 电源的容差为 ±5%，最大消耗电流为 10mA。

设计步骤如下：

- 忽略 C_1 和 C_2，图 6-9 中的 Pi 型滤波电路成为一个单极点滤波器。对于单极点滤波器，从式（6-2）给出的–3dB 转折频率开始以–20dB/十倍频程衰减。
- $f_{-20dB} = 10 \times f_{-3dB}$，由于斜率为 20dB/十倍频，则–20dB 时的频率等于–3dB频率的 10 倍。因此 $f_{-3dB} = 15kHz/10 = 1.5kHz$。
- 根据式（6-2），

$$f_{-3dB} = \frac{1}{2\pi RC_3} = 1.5kHz$$

$$RC_3 = 1.06 \times 10^{-4}$$

令 $R = 10\Omega$，则 $C_3 = 10.6\mu F$ 或 $10\mu F$。

- 电阻两端的压降为

$$V = IR = 10 \times 10^{-3} V = 0.01V$$

压降很小，在电源的限值范围 3.3（1 ±5%）V 之内。

- 电阻消耗的功率为

$$P = VI$$

式中，$V = IR$，则

$$P = I^2 R = (10mA)^2 \times 10 = 0.01mW$$

功耗很小，鉴于此，设计人员可以为该滤波器选用一个非常小型的电阻。

- C_1 和 C_2 选用 0.01μF 的高频去耦电容，如第 5 章所述。最终的电路和仿真结果分别如图 6-10 和图 6-11 所示。

图 6-11 的仿真结果显示–3dB 转折频率位于 1.5kHz，–20dB 衰减位于 15kHz，符合设计指标要求。

在该设计实例中，在电阻 R 两端有一个电压降 IR，因此选择合适的电阻非

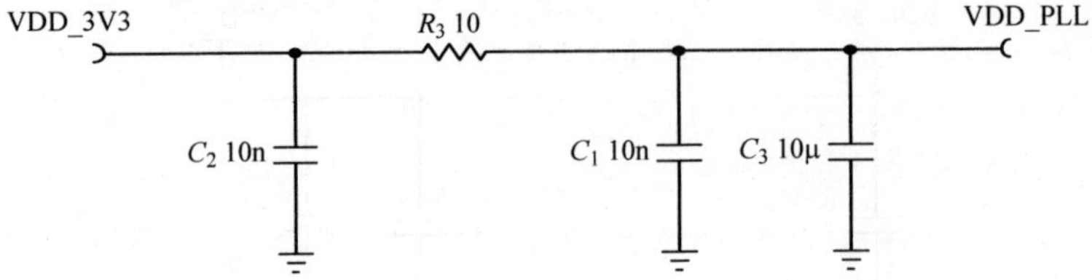

图 6-10 用于 PLL 的 Pi 型滤波器的最终电路

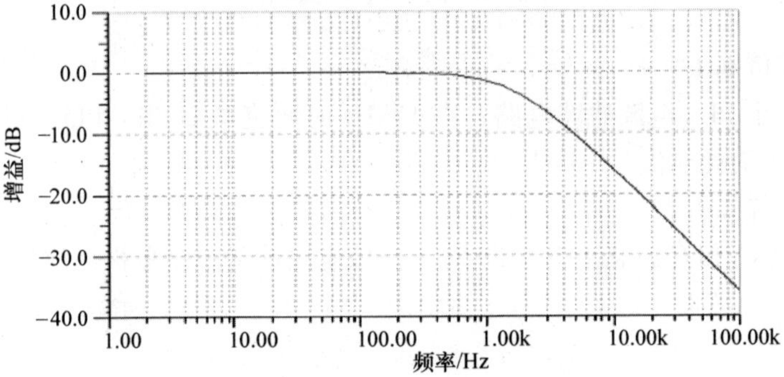

图 6-11 Pi 型滤波电路的最终仿真结果

常重要，要确保即使在 PLL 消耗电流的最坏情况下，PLL 电源电压的变化范围仍在规定的限值之内。

6.3.2 线性稳压器

低频滤波的另一个办法是应用线性稳压器，该方法对 PLL 性能产生的影响最小。线性稳压器通常具有良好的线性调整率和电源抑制特性，可以防止低频瞬态过程和高频噪声进入 PLL 电路。图 6-12 所示的方法实现起来比前面讲述的其他方法成本更高，但对于保持 PLL 电压尽可能干净以确保 PLL 抖动最小，效果十分明显。有关设计方面的内容请参考第 4 章。

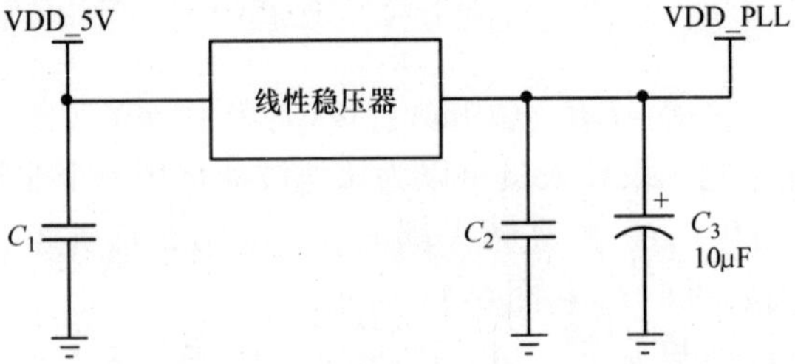

图 6-12 用稳压器进行噪声隔离

使用线性稳压器带来的一个问题是它无法很好地抑制高频噪声。如图 6-13 所示，对于高于 1MHz 的噪声，其纹波抑制接近 0dB（根本没有抑制）。这样的高频噪声会在 PLL 中引发更多的抖动。

综上，对 PLL 隔离的最好办法是将 Pi 型滤波器和线性稳压器结合使用。在这一方法中可以用铁氧体磁珠和电容来搭建 Pi 型滤波器，则不会再有前例中电阻两端的 *IR* 压降。最终的电路如图 6-14 所示。

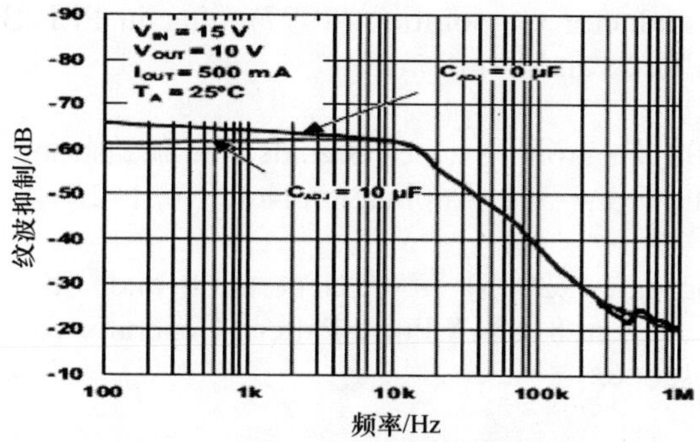

图 6-13　线性稳压器的纹波抑制

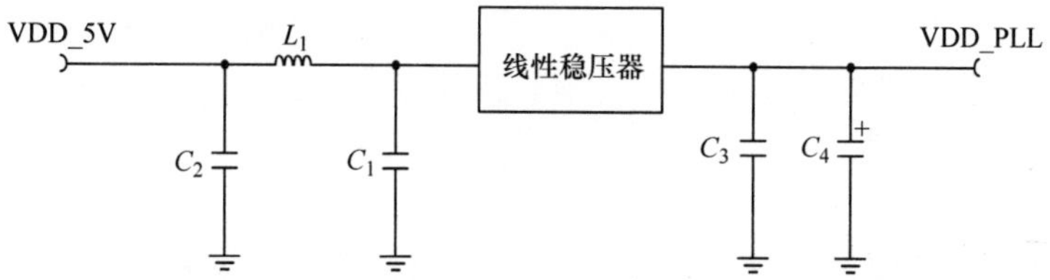

图 6-14　线性稳压器 Pi 型滤波电路

6.4　小结

由于功耗低且响应速度快，目前集成在 DSP 中的大部分 PLL 都是基于 DPLL 的理念进行设计的。如前文所述，DPLL 对电源噪声和输入噪声非常敏感，为此要使抖动尽可能小就必须合理设计噪声隔离滤波器。最好的方法是如 6.3.2 节所述，将 Pi 型滤波器和线性稳压器结合使用。但由于受 PCB 空间的限制，这一方法可能无法实现，因此设计人员必须采取折中的办法。如果没有足够的空间容纳稳压器电路，那么采用电阻代替铁氧体磁珠的 Pi 型滤波器是第二最佳方案，该方案的低频和高频滤波特性如 6.3.1 节所述。

参考文献

[1] Texas Instruments Inc (2008) SM320C6455-EP Fixed-Point Digital Digital Signal Processor. SPRS462B. http://focus.it.com/lit/ds/symlink/sm320c6455-ep.pdf.

[2] Cypress Semiconductor Corporation (1997) Jitter in PLL-Based Systems: Causes, Effects and Solutions.

[3] Wavecrest (2002) Examining Clock Signals And Measuring Jitter with the WAVECREST SIA-300. Application Note No. 142.

[4] Agilent Technologies (2003) Jitter Generation and Jitter Measurements with the Agilent 81134A Pulse Pattern Generator & 54855A Infiniium Oscilloscope.

[5] Lin J, Haroun B, Foo T, Wang J, Helmick B, Mayhugh T, Barr C, Kirkpatrick J (2004) A PVT Tolerant 0.18MHz to 600MHz Self-Calibrated Digital PLL in 90nm CMOS Process. ISSCC.

第 7 章 数据转换器概述

本章概述了模 - 数转换器和数 - 模转换器及其在音频和视频系统设计中的应用。影响转换器性能的因素有很多，如果设计人员能够了解转换器的采样技术和量化噪声、使用输入和输出滤波器的必要性以及恰当地进行系统设计和布局，就可以将这些因素的影响降到最低。

7.1 DSP 系统

图 7-1 所示为典型的 DSP 系统，系统中的输入和输出是模拟和数字转换器，系统还包括位于信号链中间的处理单元。输入增益级、抗混叠滤波器（ADC 输入）以及重建滤波器（DAC 输出）的理论与应用将在第 8 章加以论述，本章主要讨论图 7-1 中 DSP 信号链的 ADC 和 DAC 模块。

一般说来，一个 DSP 系统首先捕获一个模拟输入信号，放大该信号，对信号进行带限处理以便采样，再将其转换为数字信号，在数字域进行数据处理，最后将其转换回模拟信号，并滤除采样噪声以重建模拟信号。

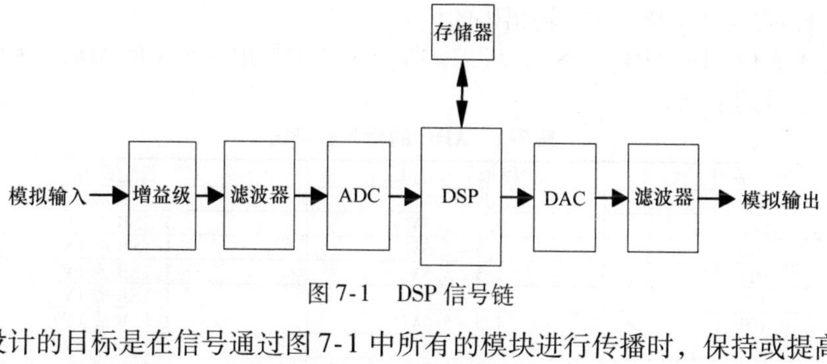

图 7-1　DSP 信号链

设计的目标是在信号通过图 7-1 中所有的模块进行传播时，保持或提高信号的质量。问题在于为什么必须将模拟信号转换为数字信号并在数字域进行处理，这是因为：

- 没有线性或非线性畸变。
- 可以在数字域进行数据压缩。由于视频、音频和通信系统的传输带宽有限，这一点对于这些系统非常重要。

- 易于通过更新软件和/或 DSP 算法来升级系统。

7.2 模-数转换器（ADC）

ADC 对模拟电平进行采样并将其与数字编码进行比较，通过这个过程将模拟输入转化为数字输出编码。由采样点决定哪个数字编码相当于该模拟值。例如在图 7-2 中，采样点 1 出现在 1V 模拟电平处，转换为数字输出码 001；采样点 2 出现在 2V 模拟电平处，转换为数字输出码 010，以此类推㊀。

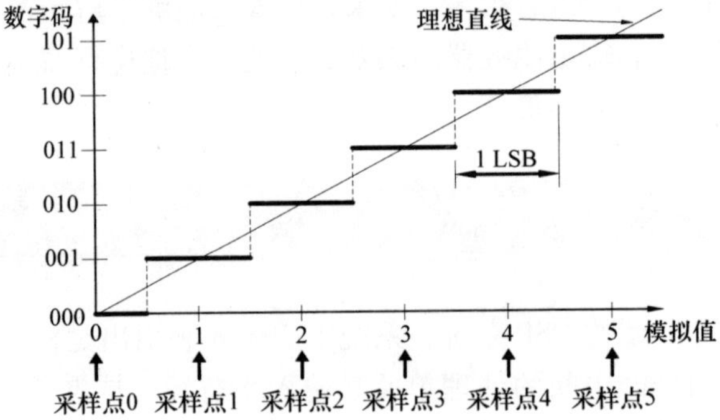

图 7-2 模-数转换器

在图 7-2 中，1 LSB 定义为一个最低有效位，在每个采样点模拟电平可以在中央值的±1/2 LSB 范围内变化，称为量化误差。LSB 电压 V_{LSB} 等于

$$V_{LSB}=\frac{V_{ref}}{2^N} \tag{7-1}$$

式中，V_{ref} 为参考电压；N 为输出码的位数。

对于 3 位 ADC 且 $V_{ref}=8V$，$V_{LSB}=1V$。表 7-1 是用一个 3 位 ADC 采样 8V 模拟输入信号的示例。

表 7-1 ADC 的输入和输出

数字编码	模拟信号范围	量化误差
000	0～0.5V	1/2 LSB 或 0.5V
001	0.5～1.5V	1 LSB 或 1V
010	1.5～2.5V	1 LSB 或 1V
011	2.5～3.5V	1 LSB 或 1V
100	3.5～4.5V	1 LSB 或 1V
101	4.5～5.5V	1 LSB 或 1V
110	5.5～6.5V	1 LSB 或 1V
111	6.5～7.5V	1 LSB 或 1V

㊀ 原文为“For example in Figure 7.2, sampling point 0 occurs at 1V analog level translating to 001 digital output word, sampling point 1 occurs at 2V analog level translating to 010 digital output word and so on.”，根据图 7-2 改。——译者注

综上，计算 ADC 电压的方程如下：

$$V_{ref}(b_1 2^{-1} + b_2 2^{-2} + b_3 2^{-3} + \cdots\cdots + b_N 2^{-N}) = V_{in} \pm V_x \qquad (7\text{-}2)$$

式中，$-\frac{1}{2}V_{LSB} \leqslant V_x \leqslant \frac{1}{2}V_{LSB}$；$b_1$为最高有效位；$b_N$为最低有效位。

图 7-3 所示是一个实际的 ADC 框图，图 7-3 中的模拟输入在转化为数字编码之前必须进行带限处理。这是由于根据奈奎斯特采样定理，为了防止频谱混叠，采样时钟的频率至少要达到模拟带宽的 2 倍。混叠是指模拟信号的映像与我们想要的频带相重叠，混叠会影响 ADC 的性能。因此，必须在 ADC 的输入之前放置一个抗混叠滤波器。

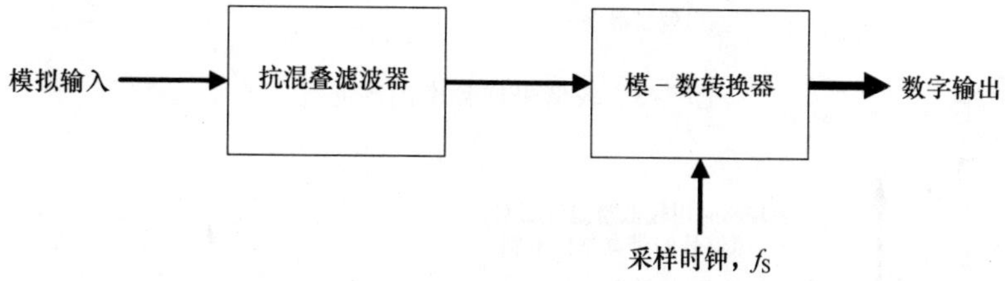

图 7-3　模－数转换框图

7.2.1　采样

如上节所述，ADC 利用采样时钟f_S对模拟输入进行采样，并用一个数字编码表示采样电平。采样相当于用信号f_A对一个频率等于采样频率的载波信号进行幅度调制，生成的频谱如图 7-4 所示。

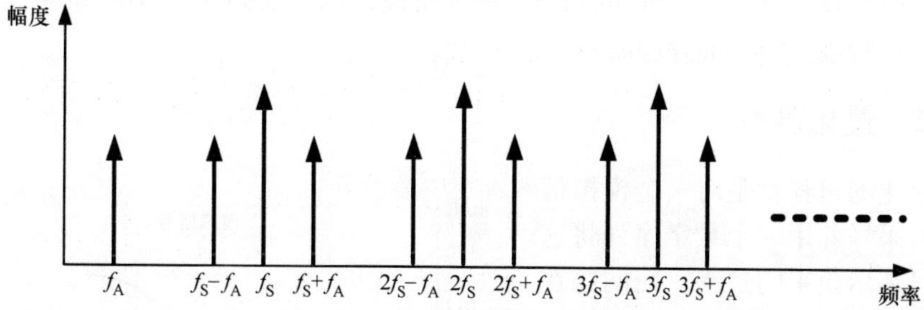

图 7-4　采样信号的频谱

奈奎斯特定理规定采样频率f_S必须大于等于信号带宽f_A的 2 倍，即

$$f_S \geqslant 2f_A \qquad (7\text{-}3)$$

如果采样频率小于信号带宽的 2 倍，采样信号就会进入原信号的带宽发生混叠，导致动态范围品质下降。图 7-5 给出了这种情况下的一个混叠区域。因此，为了确保满足奈奎斯特定理，在 ADC 的输入端必须有一个抗混叠滤波器用来对信号的带宽

进行限制，而且采样频率必须大于信号带宽的 2 倍。选择抗混叠滤波器有一个重要的经验法则，采样频率越高的 ADC 需要的抗混叠滤波器的阶次越低。这是由于采样频率越高会使噪声频谱更加远离模拟信号的频谱，从而使得较低阶的滤波器也足以阻止噪声的映像混叠进入我们想要的频带。图 7-5 和图 7-6 说明了这一现象。

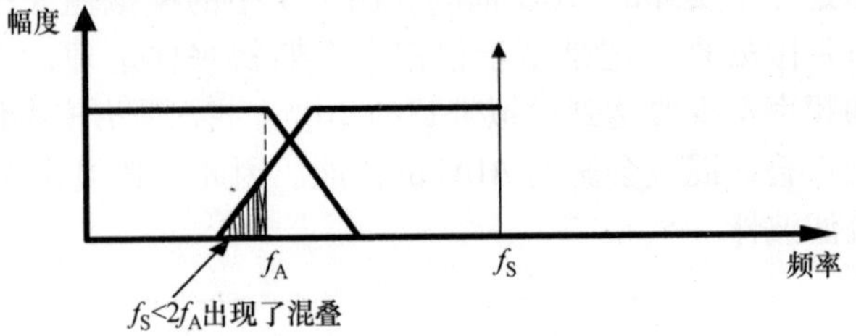

图 7-5 较低采样频率出现混叠

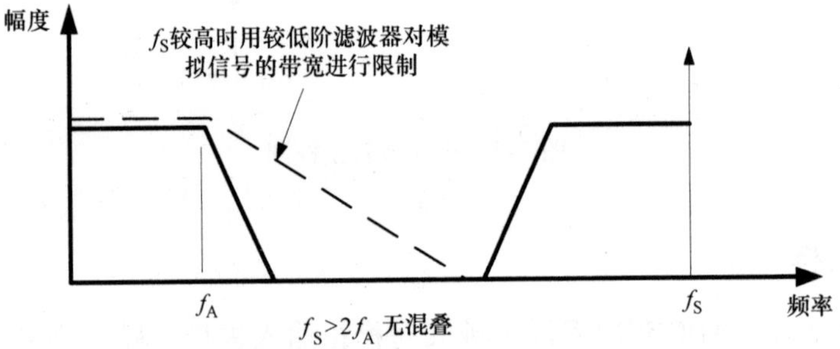

图 7-6 较高的采样频率无混叠

当前的技术可以使 ADC 的采样频率非常高，因此没必要在 ADC 的输入端使用高于二阶以上的抗混叠滤波器。

7.2.2 量化误差

量化的过程就是对一个模拟信号进行采样并用一个数字序列将这个信号表示出来的过程。而问题在于由于输入信号变化迅速会产生量化误差，也就是一个特定的数位在两个数字量级之间来回振荡。例如在图 7-7 中的采样点 2 和采样点 3，这两个电平的数字编码可能是 000 或 001，由于这两个点位于两个数字量级中间一半的位置，数字转换

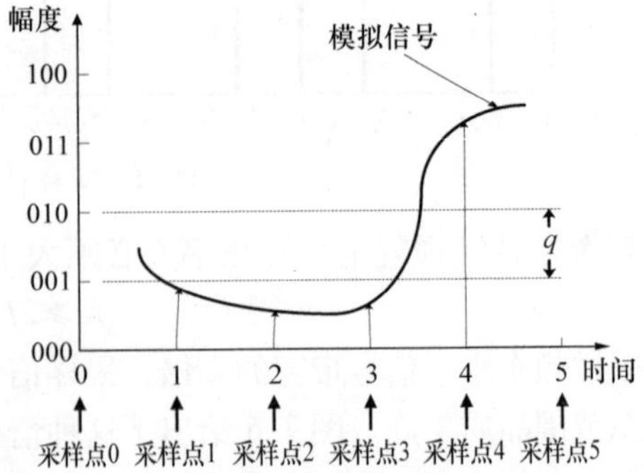

图 7-7 量化误差

器可以将其转换为 000 或 001。因此，量化误差为 $\pm q/2$，q 为量化步长等于 1 LSB。

假设数字量级和采样电压之间的量化误差电压在 $-q/2$ 到 $q/2$ 之间均匀分布，q 等于 1 个 LSB 电压，此时的概率密度函数 $f_Q(x)$ 如图 7-8 所示，图 7-8 中曲线下的面积等于 1。

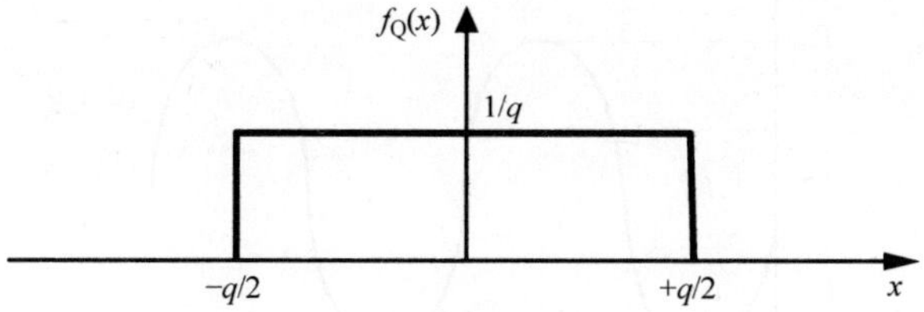

图 7-8　概率密度函数 $f_Q(x)$

量化误差用 RMS[⊖] 值表示为

$$V_Q(\text{rms}) = \left[\int_{-q/2}^{q/2} x^2 f_Q(x)\,\mathrm{d}x\right]^{1/2} = \left[\frac{1}{q}\int_{-q/2}^{q/2} x^2\,\mathrm{d}x\right]^{1/2} = \left[\frac{1}{q}\left(\frac{1}{3}x^3\right)_{-q/2}^{q/2}\right]^{1/2} = \frac{q}{\sqrt{12}} \tag{7-4}$$

正弦信号的 RMS 值为

$$V_{\text{in}}(\text{rms}) = \left[\frac{1}{T}\int_0^T V^2(t)\,\mathrm{d}t\right]^{1/2}$$

式中，$V(t) = A\cos(2\pi f_c t)$；A 为零到峰值的电压，如图 7-9 所示。

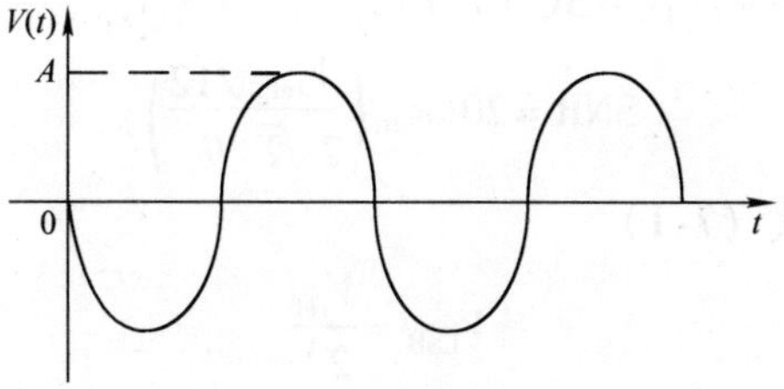

图 7-9　正弦输入波形

因此，

$$V_{\text{in}}(\text{rms}) = \left[\frac{1}{T}\int_0^T A^2\cos^2(2\pi f_c t)\,\mathrm{d}t\right]^{1/2}$$

⊖ 均方根值，也就是有效值。——译者注

由于$\cos^2(2\pi f_c t)=\dfrac{1+\cos(4\pi f_c t)}{2}$，

$$V_{in}(\mathrm{rms}) = \left[\frac{A^2}{T}\int_0^T \frac{1+\cos(4\pi f_c t)}{2}\mathrm{d}t\right]^{1/2} = \left[\frac{A^2}{T}\frac{T}{2}\right]^{1/2} = \frac{A}{\sqrt{2}} \tag{7-5}$$

A 等于 $1/2V_{ref}$，V_{ref}等于正弦波的峰峰值，如图 7-10 所示。

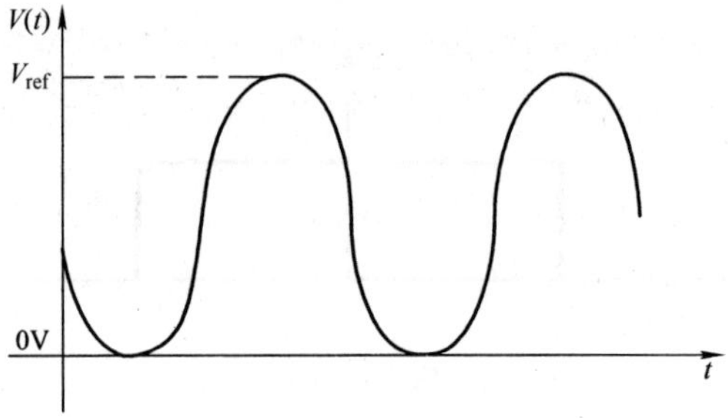

图 7-10 V_{ref}与峰峰值

将 $A = 1/2V_{ref}$代入式（7-5），

$$V_{in}(\mathrm{rms}) = \frac{V_{ref}}{2\sqrt{2}} \tag{7-6}$$

或

$$V_{ref} = V_{峰峰值} = 2.828\ V_{in}(\mathrm{rms})$$

信噪比或 SNR 定义为输入 RMS 电压与量化噪声之比的对数。

$$\mathrm{SNR} = 20\log_{10}\frac{V_{in}(\mathrm{rms})}{V_Q(\mathrm{rms})} \tag{7-7}$$

将式（7-6）和式（7-4）代入式（7-7），

$$\mathrm{SNR} = 20\log_{10}\left(\frac{V_{ref}}{2\sqrt{2}}\frac{\sqrt{12}}{q}\right)$$

由于 $q = V_{LSB}$，根据式（7-1）

$$V_{LSB} = \frac{V_{ref}}{2^N}$$

$$\mathrm{SNR} = 20\log_{10}\left(\frac{\sqrt{3}}{\sqrt{2}}2^N\right) = 6.02N + 1.76\ \mathrm{dB} \tag{7-8}$$

式（7-8）表明 ADC 的性能取决于模拟信号量化为数字量的位数，每位约为 6dB。上式（7-8）是在假设量化误差是系统中唯一误差的前提下得到的。而在实际系统中，其他因素如电源噪声和时钟抖动都会产生额外的误差，对信噪比产生显著影响。为此，衡量 ADC 整体性能的另一个公式是

$$有效位（\mathrm{ENOB}）= \frac{\mathrm{SNR} - 1.76}{6.02} \tag{7-9}$$

例如，如果一个16位的ADC SNR指标为86dB，则有效位数为

$$\mathrm{ENOB}=\frac{86-1.76}{6.02}=14$$

这意味着由于量化噪声以及与系统有关的其他噪声的影响，如电源、时钟以及其他影响系统性能的因素，16位的ADC仅发挥出14位的水平。

7.3　数-模转换器（DAC）

DAC将数字输入编码转换为模拟输出值，其转换功能如图7-11[1]所示。式7-10给出了数字编码B_{in}与模拟输出信号V_{out}之间的关系。

$$V_{out}=V_{ref}(b_1 2^{-1}+b_2 2^{-2}+b_3 2^{-3}+\cdots\cdots+b_N 2^{-N})=V_{ref}B_{in} \tag{7-10}$$

式中

$$B_{in}=b_1 2^{-1}+b_2 2^{-2}+b_3 2^{-3}+\cdots\cdots+b_N 2^{-N}$$

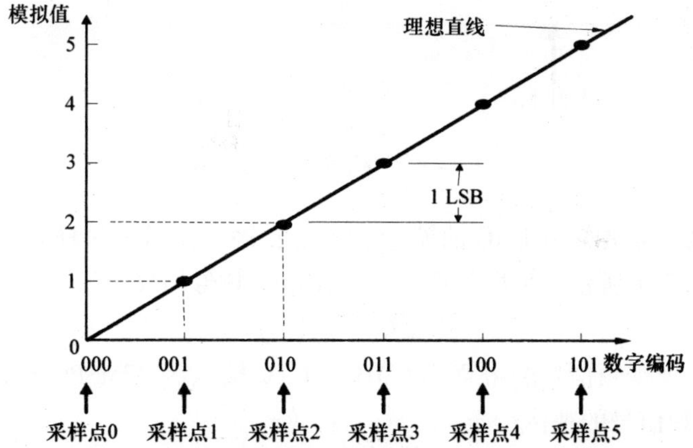

图7-11　数-模转换

与ADC类似，对于一个3位DAC且V_{ref}为8V，V_{LSB}等于1V。表7-2是一个3位DAC的示例，接收数字编码并将其转换为对应的模拟电平，假设采样误差为±0.5 LSB。

表7-2　DAC的输入和输出

数字输入编码	模拟输出	误差
000	0V	0.5V
001	1V	±0.5V
010	2V	±0.5V
011	3V	±0.5V

（续）

数字输入编码	模拟输出	误差
100	4V	±0.5V
101	5V	±0.5V
110	6V	±0.5V
111	7V	±0.5V

图 7-12 所示是一个实际的 DAC 框图，图中数字输入被转化为模拟输出，重建滤波器消除了调制在模拟波形上的采样噪声。该滤波器的设计取决于使用的是哪一种 DAC 以及为了达到一定的信噪比必须将噪声抑制到何种程度。滤波器的拓扑结构以及设计方法将在本书的第 8 章讲述。

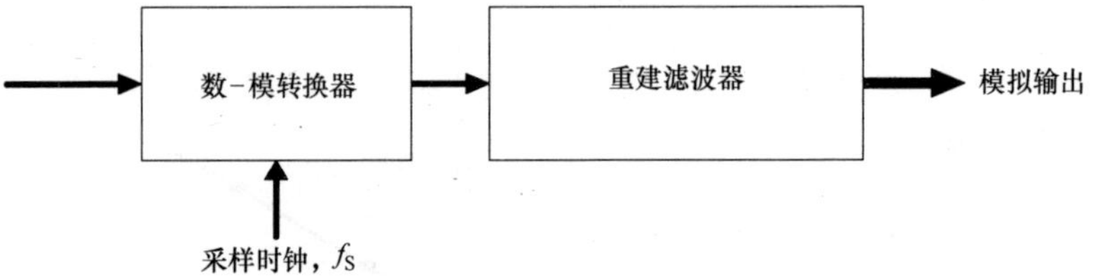

图 7-12　实际的数－模转换器

设计滤波器需要知道 DAC 的模拟带宽 f_A、输入信号的采样频率 f_S 以及阻带衰减量。如图 7-4 所示，采样数据最靠近原信号频带的映像位于

$$映像频率 = f_S - f_A$$

例如，一个视频信号的带宽为 6MHz，DAC 输入为 27MSPS（每秒的兆采样点数）。该视频信号的映像位于

$$映像频率 = (27 - 6)\ \text{MHz} = 21\text{MHz}$$

若系统性能要求 60dB 的信噪比，则必须将映像在 21MHz 至少衰减 60dB，滤波器设计的详细内容见第 8 章。

7.4　数据转换器设计中的实际问题

一个典型系统的总体框图如图 7-13 所示，由输入 ADC[2]、DSP 和 DAC[3] 组成。以下是在选择 ADC 和 DAC 的过程中需要考虑的一些重要参数：

- 分辨率和信噪比（SNR）
- 输入和输出电压范围
- 采样频率

- 微分非线性
- 积分非线性

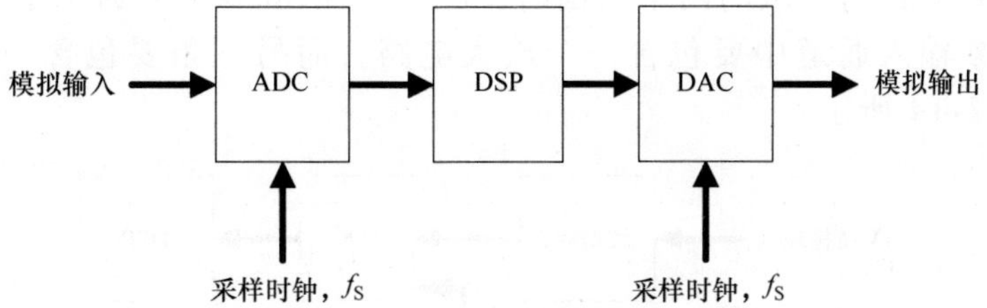

图 7-13　DSP 系统框图

7.4.1　分辨率和信噪比（SNR）

ADC 或 DAC 的分辨率决定了代表一个模拟信号的数字编码的位数。分辨率越高往往 SNR 也越高。下面是一个 ADC 的 SNR 指标[2]。

对于一个 10 位的 ADC，当 $f_A = 10\text{MHz}$，$f = 110\text{MSPS}$ 时 SNR = 55dB。

利用式（7-8）计算有效位数或 ENOB。

$$\text{ENOB} = \frac{\text{SNR} - 1.76}{6.02} = \frac{55 - 1.76}{6.02} \approx 9$$

ENOB 表明该 10 位 ADC 的性能等效于一个理想的 9 位 ADC。一般很难达到理论上的分辨率，因此能从一个 10 位的 ADC 得到 9 位的性能已经是一个很好的 ADC 了。

7.4.2　采样频率

采样频率决定了图 7-4 中模拟信号及其映像之间的频率间隔，因此人们更愿意让采样频率高一些，这样还可以使用较低阶的输入和输出滤波器。高采样频率的缺点在于其产生的辐射往往也更强，如第 2 章所述。

在 ADC 的数据手册中，SNR 指标表明一个 10MHz 信号的采样频率是 110MHz。根据奈奎斯特定理，最小的采样频率为

$$f_S = 2f_A = 2 \times 10\text{MHz} = 20\text{MHz}$$

$$\text{过采样率} = 110\text{MHz}/20\text{MHz} = 5.5$$

过采样率 5.5 意味着 ADC 以 5.5 倍于奈奎斯特定理要求的最小采样频率对输入信号进行采样。一般情况下，过采样的 ADC 或 DAC 比非过采样的 ADC 或 DAC 具有更好的性能。

7.4.3　输入和输出电压范围

ADC 或 DAC 的数据手册会分别说明最大输入电压和最小输出电压。为了使

系统性能发挥到最优，建议对信号进行放大或衰减以获得最大的对称区间。例如，一个ADC有两个输入端，每个输入端的输入指标为最大2V的峰峰值。测量到来自前一级的两个输出有1V和4V的峰峰值。为了平衡ADC的输入，一条输入通道中要包含一个放大电路，而另一条要包含一个衰减电路，如图7-14所示。

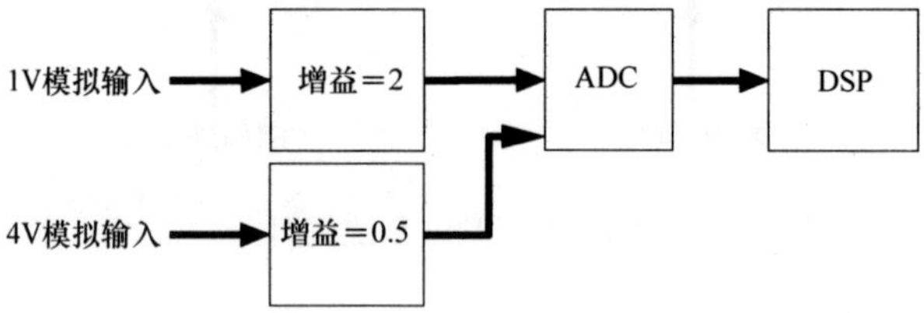

图7-14　ADC的输入

增益为2和0.5的增益级可以利用运算放大器（简称运放）来实现，见第8章。设计一个0.5增益级的另一个办法就是用一个电阻分压器将输入电压减半，示例如下。

图7-15所示的分压器的输出电压为

$$V_O = \frac{R_2}{R_1 + R_2} V_{IN} \tag{7-11}$$

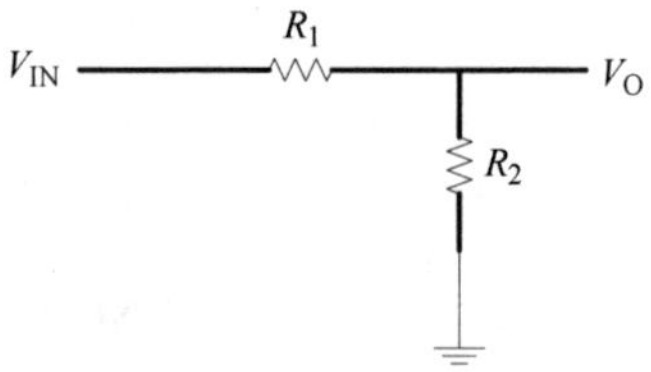

图7-15　分压器

若 $R_2 = R_1$，则 V_O是 V_{IN}的一半。

关于增益为2的增益级电路的详细内容请参考第8章。

类似地对于DAC输出电压的范围，如果所使用的DAC的输出电压电平较低，与下一级电路不兼容或者不符合某些输入输出标准，在DAC的输出端也需要一级增益电路。这类放大电路的设计方法也请参见第8章。

7.4.4　微分非线性（DNL）

ADC和DAC都会出现微分非线性（DNL）误差[4]，微分非线性误差定义为步长宽度与一个LSB的差值。在图7-16中，ADC DNL误差发生在1V和4V模拟电平处。理想情况下，编码001以1V为中心，有±1/2 LSB的容差，编码100以4V为中心，有±1/2 LSB的容差。但是由于DNL误差，编码001在1V只有–1/2 LSB的容差，编码100在4V有–1/2 LSB到+1 LSB的容差。

图7-17[4]示出了一个DAC DNL误差，输入编码010的模拟输出范围超过了1 LSB电压，图7-17中所示的误差为+1/4 LSB。

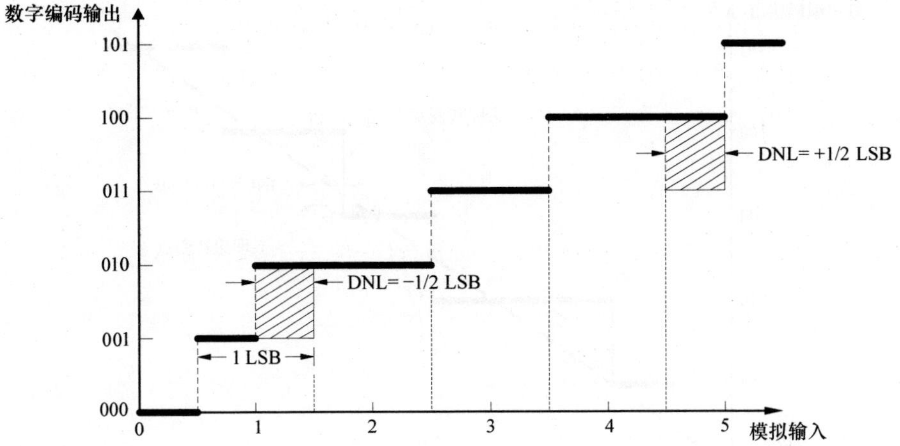

图 7-16 ADC 微分非线性

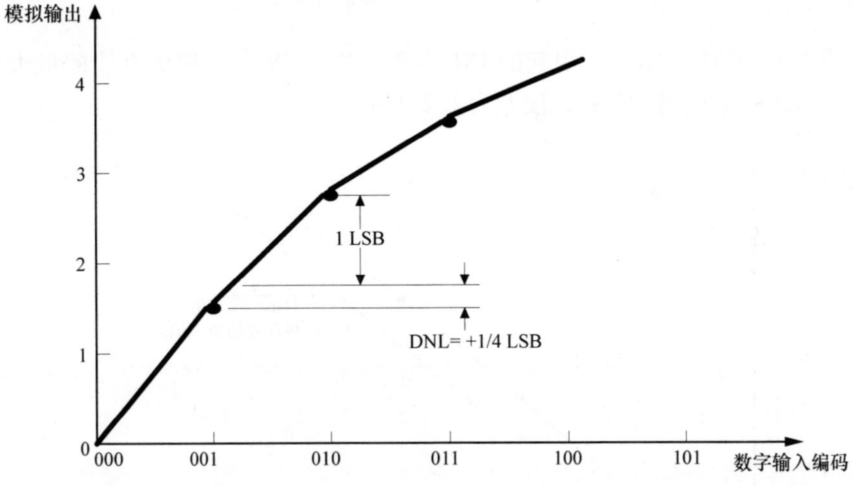

图 7-17 DAC 微分非线性

7.4.5 积分非线性（INL）

积分非线性（INL）定义为实际的转换函数与理想直线之间的最大偏差。和 DNL 一样，ADC 和 DAC 也都有 INL 误差。对于 ADC，测量从一个数字编码转变为另一个数字编码的转变点，并与理想的转变点进行比较得到误差量，如图7-18 所示[4]。例如，从 001 到 010 的转变点发生在 1V 而不是 1.5V，转变点提前产生了–1/2 LSB 的 INL 误差。

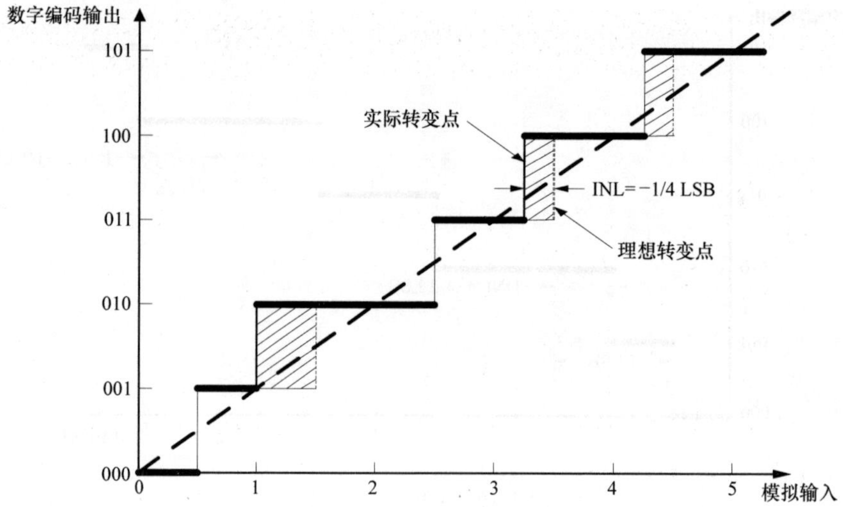

图 7-18　ADC 积分非线性

图 7-19 说明了由 DAC 引起的 INL 误差。图 7-19 中与理想直线的最大偏差出现在输入数字编码 011 处，误差为 1/2 LSB。

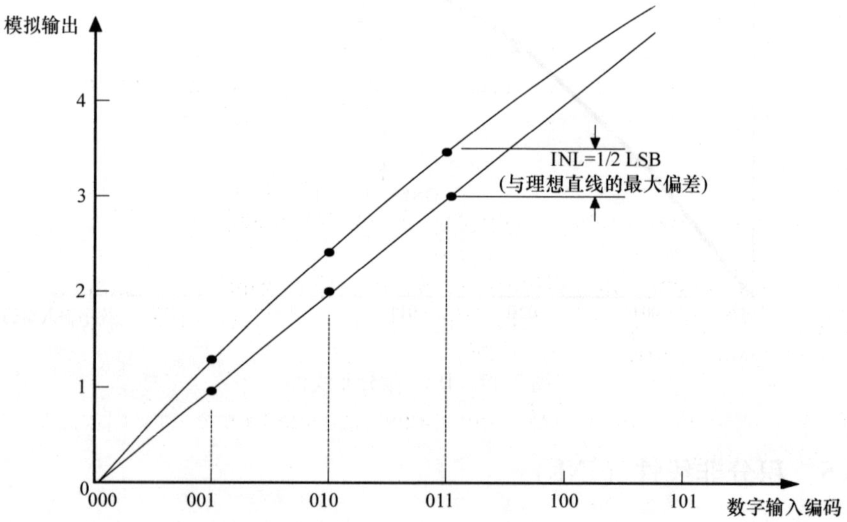

图 7-19　DAC 积分非线性

7.5　小结

本章应记住的要点如下：

- 正确的采样和滤波是实现高性能数据转换系统设计的关键。理解奈奎斯特定理和过采样技术对于针对实际应用选择合适的数据转换器非常重要。
- 本章是在假设系统中只有量化噪声的前提下推导出 SNR 的，这只是一种理想状况，在实际设计中是不可能实现的。ENOB 是对实际数据转换器性能的一个很好的衡量。
- 在 ADC 和 DAC 中出现的 DNL 和 INL 误差仅仅通过系统设计技术是无法消除的，这是数据转换器本身所固有的误差。如有可能请选择 DNL 和 INL 误差指标尽可能低的转换器。

总之，数据转换器系统的设计目标应匹配转换器数据手册中的性能指标。例如，若转换器的 SNR 指标为 80dB，则系统的性能指标也应为 80dB 的 SNR。由于转换器周围的其他器件（抗混叠滤波器、放大器、电源以及重建滤波器）往往会产生额外的噪声和误差，这是系统可能实现的最佳性能。

参考文献

[1] Johns D, Martin K (1997) Analog Integrated Circuit Design. John Wiley & Sons, USA.

[2] Texas Instruments Inc (2007) TVP7002 Triple 8-/10-Bit 165-/110-MSPS Video And Graphics Digitizer With Horizontal PLL, SLES205A.

[3] Texas Instruments Inc (2009) THS8200 All-Format Oversampled Component Video/PC Graphics D/A System with Three 11-Bit DACs, CGMS Data Insertion, SLES032B.

[4] Texas Instruments Inc (1995) Understanding Data Converters, Mixed-Signal Products, SLAA013.

第 8 章

模拟滤波器设计

本章介绍了无源滤波器和有源滤波器的拓扑结构和设计技术，包括设计实例和系统仿真。在 DSP 系统中，需要模拟滤波器进行信号调理，以及在采样前对信号的带宽进行限制。为了设计滤波器，设计人员需要对运算放大器、直流偏置电路、交流耦合技术及传统的无源元件，如电感器、电容器和电阻有所了解。

8.1 抗混叠滤波器

有许多不同类型的抗混叠滤波器（巴特沃斯型、切比雪夫型、反切比雪夫型、考尔型及贝塞尔—汤姆森型）[1]，但在音频、视频以及通信领域最好采用巴特沃斯型滤波器，这是由于这种滤波器具有最佳的通带性能，被称作通带最大平坦滤波器。实现巴特沃斯滤波器可以有两种方法：①利用无源元件，如电阻、电感和电容来实现；②利用有源元件，如运算放大器、电阻和电容实现。两种方法各有优缺点，要选择合适的拓扑结构就要求设计人员了解二者间的基本差异，以及一种滤波器与另一种相比是如何更好地工作的。有一条重要的经验法则，就是采样频率越高，所需要的抗混叠滤波器的阶次越低，如第 7 章所述。

8.1.1 无源滤波器和有源滤波器特性

表 8-1 给出了无源滤波器和有源滤波器的特性，指出了每种滤波器的优点和缺点。

表 8-1 无源滤波器和有源滤波器

电气特性	无源滤波器	有源滤波器
• 电源	不需要	需要
• 电压增益	无	有
• 滤波器元件	电感、电容、电阻	运放、电阻、电容
• 辐射	有，电感经常会产生辐射	无，需要适当去耦
• 电路稳定性	非常好	好，需要进行适当的分析
• 动态范围限制	无	有（电源和运放）

（续）

电气特性	无源滤波器	有源滤波器
• 受电源阻抗和负载阻抗的限制	是（滤波器的性能受电源和负载影响）	否（运放具有非常高的输入阻抗）
• 可靠性	非常好（无源元件非常可靠）	好（运放一类的有源电路不如无源元件可靠性高）
• 频率范围	非常好	好（受运放带宽的限制）
• 成本	较高（电感）	较低

综上，如果对增益没有要求，且电源和负载的阻抗已知，则采用无源滤波器更好。如果需要进行阻抗隔离，且对增益有要求，则用有源滤波器更好。

8.1.2　无源滤波器设计

A. 一阶无源低通滤波器

利用一个电阻和一个电容可以很容易地实现一阶无源滤波器，如图 8-1 所示。

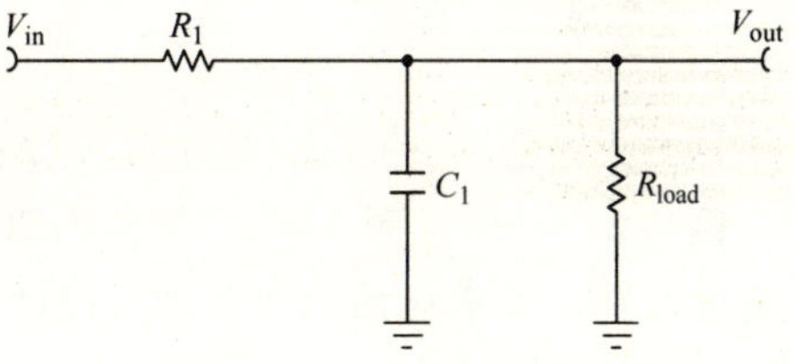

图 8-1　一阶无源滤波器

假设 R_{load} 远远大于 R_1，则图 8-1 中所示滤波器的–3dB 转折频率可由下式（8-1）得出：

$$f_{-3dB} = \frac{1}{2\pi R_1 C_1} \tag{8-1}$$

例 8.1：一个音频 ADC 的带宽为 20Hz ~ 20kHz，在其输入端需要一个一阶抗混叠滤波器。要求对该滤波器进行设计与仿真[3]。

解：令 $f_{-3dB} = 20\text{kHz}$，$20\text{kHz} = \frac{1}{2\pi R_1 C_1}$。令 $C_1 = 0.001\ \mu\text{F}$，求解 R_1。

$\Rightarrow R_1 = 8\text{k}\Omega$。如图 8-2 所示，–3dB 转折频率位于 20kHz。

B. 二阶无源滤波器设计

二阶低通电路需要一个电感和一个电容。一般情况下，滤波电路的阶次等于电路中电容和电感的个数。如上节所述，无源滤波器受电源阻抗和负载阻抗的影响，因此假设电源阻抗 R_S 远远小于负载阻抗 R_L，如图 8-3 所示。

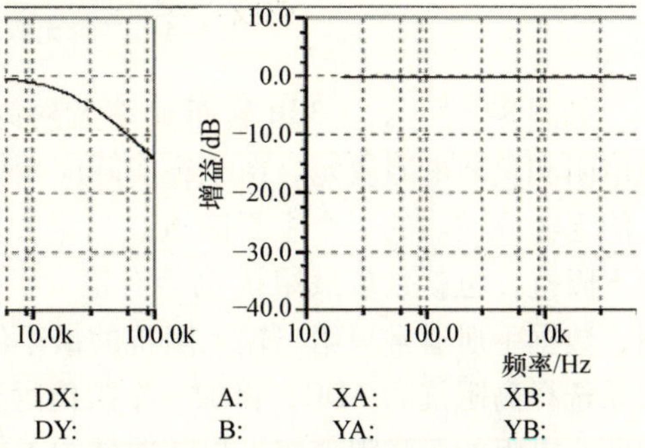

图 8-2　一阶无源滤波器仿真结果

二阶滤波电路的频率响应在

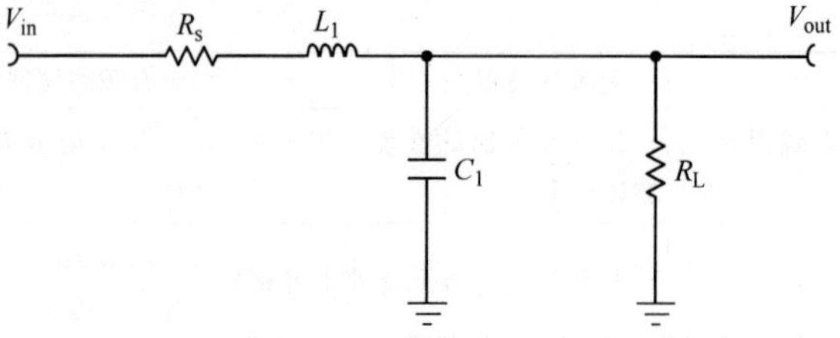

图 8-3　二阶无源滤波电路

–3dB转折频率处出现幅度峰值，该峰值的大小取决于 R_L与 R_S的比值。一般情况下，只要转折频率处的噪声非常小，该峰值不会影响电路性能，因此，验证频率响应和通带信噪比满足预期要求对于设计人员来说是非常重要的。通常可以通过微调 R_L和 R_S获得应用所需的频率响应。

当 $R_L >> R_S$时，图 8-3 所示电路的–3dB 转折频率为

$$f_{-3dB} = \frac{\sqrt{R_L + R_S}}{2\pi\ \sqrt{L_1 C_1 R_L}} \tag{8-2}$$

例 8.2：一个音频 ADC 的带宽为 20Hz ~ 20kHz，在其输入端需要一个二阶抗混叠滤波器。要求对该滤波器进行设计与仿真[3]。

解：令 $f_{-3dB} = 20kHz$，$R_S = 70\Omega$，$R_L = 7k\Omega$。$20kHz = \frac{\sqrt{7k\Omega + 70\Omega}}{2\pi\ \sqrt{(7k\Omega)\ L_1 C_1}}$。求解 L_1和 C_1，$L_1 C_1 = 6.388e^{-11}$，令 $C_1 = 0.001\ \mu F$，$L_1 = 0.064H$。图 8-4 是最终的电路图，图 8-5 给出了仿真结果。

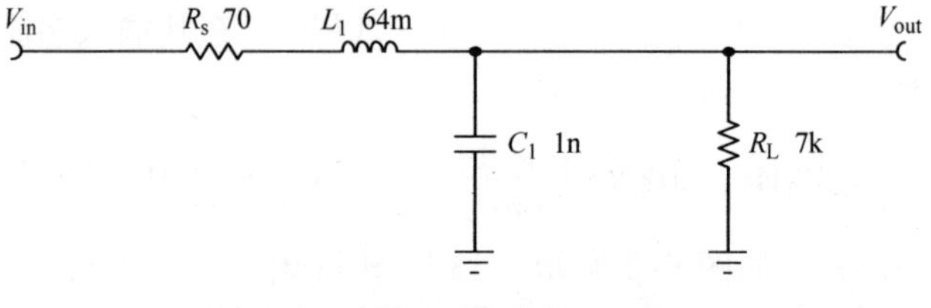

图 8-4　二阶无源滤波电路设计

如图 8-5 所示，–3dB 转折频率大约为 20kHz。转折频率处的幅度峰值由电源电阻和负载电阻决定，由于在实际应用中无法实现对负载阻抗的控制，这成为二阶无源滤波器的一个主要缺点。当半导体硅处在不同的工作过程时，ADC 的输入阻抗，也就是负载阻抗也会有很大的变化，而数据手册没有给出变化的范围，数据手册通常只给出输入阻抗的最小值。使输入阻抗的影响最小化的一种方法是选择高阻抗的 ADC，再加一个阻值远远小于 ADC 输入阻抗的外接负载电阻，则两个电阻的并联阻值将不再随着硅的工作过程的变化而发生很大的变化。

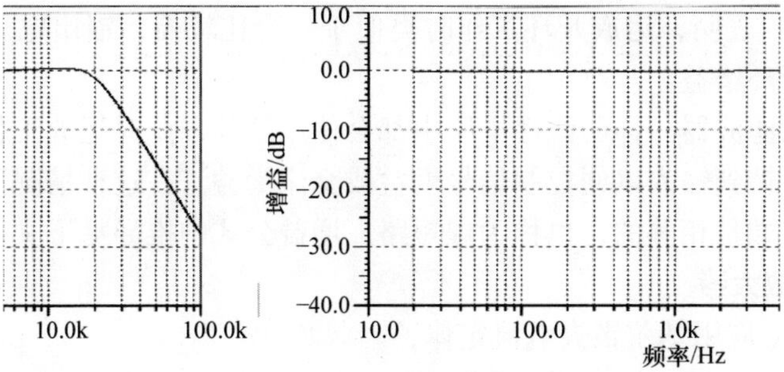

图 8-5　二阶无源滤波电路仿真结果

8.1.3　有源滤波器设计

由于一阶和二阶巴特沃斯型滤波器是目前音频、视频和通信系统中最常用的拓扑结构，出于实际应用的目的，本节有源滤波器的设计只对这两种滤波器进行讨论。为了设计有源滤波器，设计者需要对运算放大器有所了解，并了解运放的偏置方法以获取最大的动态范围。

8.1.4　运算放大器（运放）基础知识

一个运放有 3 个端子，反相输入端、同相输入端和输出端，如图 8-6 所示，并具有以下电气特性：

- 非常高的阻抗：对于一个理想运放，假设输入阻抗为无穷大，则输入电流非常小，可以忽略不计。
- 非常低的输出阻抗：对于理想运放，该值为零。
- 虚短路[㊀]：正负输入端的电压相等。
- 非常高的开环增益：理想运放为无穷大。

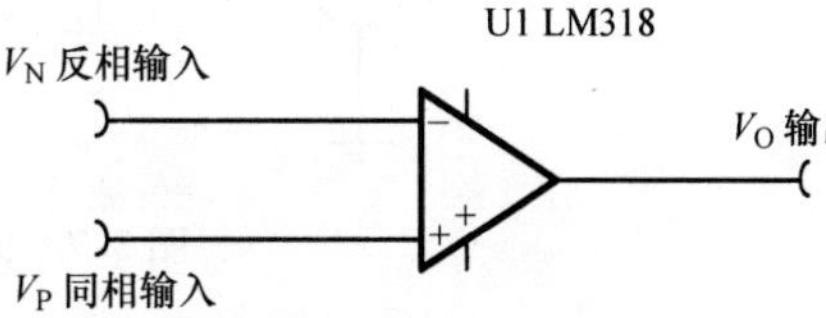

图 8-6　运算放大器

运放的输入与输出之间的关系为

$$V_D = V_P - V_N \tag{8-3}$$

式中，V_D为差动输入电压；V_P为同相输入电压；V_N为反相输入电压。

$$V_O = aV_D \tag{8-4}$$

式中，a 为开环增益。将式（8-4）代入式（8-3），

$$V_O = a(V_P - V_N) \tag{8-5}$$

㊀　原文为 Virtual ground。下文同。——译者注

式（8-5）表明，运放开环工作时类似于一个比较器，输出电压等于输入电压之差乘以开环增益。

通常在像滤波器一样的线性电路中都会使用运放，此时运放工作于一个闭环系统，输出反馈到输入以便控制信号增益或交流增益。在这种情况下，反相输入端和同相输入端是相等的，也称为虚短路。增益公式的推导见下文。

A. 同相放大器

在节点 V_N 应用基尔霍夫电流定律，

$$I_2 = I_N + I_1 \tag{8-6}$$

式中，I_N为反相输入电流，由于运放的输入阻抗为无穷大，该电流等于零。

$$I_2 = \frac{V_O - V_N}{R_2}$$

$$I_1 = \frac{V_N}{R_1}$$

将I_2和I_1代入式（8-6），

$$\frac{V_O - V_N}{R_2} = \frac{V_N}{R_1} \tag{8-7}$$

根据虚短路规则，$V_N = V_P$且 $V_P = V_{IN}$，如电路图 8-7 中所示。

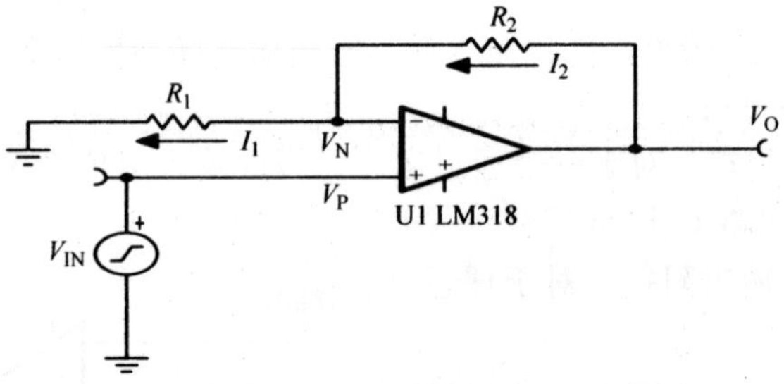

图 8-7 同相放大器

将 V_{IN}代入式（8-7）求解增益 V_O/V_{IN}。

$$增益 = \frac{V_O}{V_{IN}} = \frac{R_2}{R_1} + 1 \tag{8-8}$$

B. 反相放大器

在节点 V_N 应用基尔霍夫电流定律，

$$I_2 + I_1 = I_N \tag{8-9}$$

式中，I_N为反相输入端电流，由于运放的输入阻抗为无穷大，该电流等于零。

$$I_2 = \frac{V_O - V_N}{R_2}$$

$$I_1 = \frac{V_{IN} - V_N}{R_1}$$

将 I_2 和 I_1 代入式（8-9），

$$\frac{V_O - V_N}{R_2} + \frac{V_{IN} - V_N}{R_1} = 0 \tag{8-10}$$

根据虚短路规则，$V_N = V_P = 0$，如电路图 8-8 中所示。

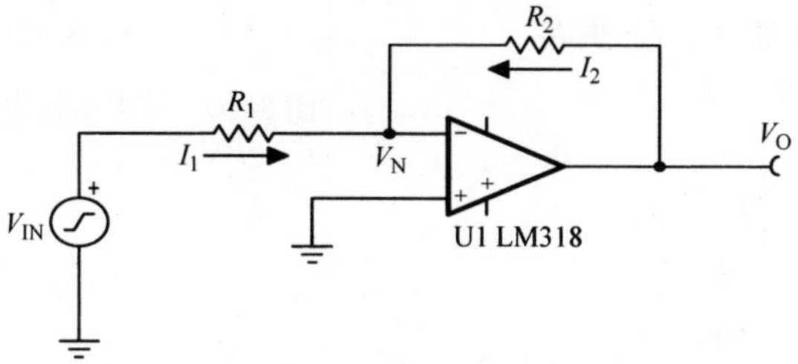

图 8-8　反相放大器

将 V_N 代入式（8-10）求解增益 V_O/V_{IN}。

$$增益 = \frac{V_O}{V_{IN}} = -\frac{R_2}{R_1} \tag{8-11}$$

8.1.4.1　运放的偏置

运放可以由双电源（±VDD）供电也可以由单电源（+VDD）供电。由双电源供电时，信号以 0V 为中心在正负电源电压之间波动，如图 8-9 所示。在这种情况下，需要将运放偏置到 0V，这样可以获得最大的对称波动电压。

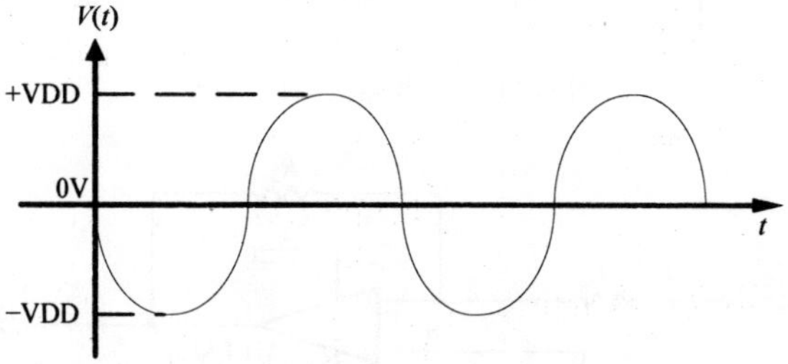

图 8-9　双电源信号的波动

偏置的常规做法是在运放的正极性端进行偏置，如图 8-10 和图 8-12 所示，偏置电压值的设置应使输出具有最大波动电压，如图 8-11 所示。

对于单电源运放，偏置电压应为电源电压的一半，以确保能获得如图 8-11 所示的最大对称波动电压。图 8-12 所示的电路中由两个相等的电阻 R_3 和 R_4 构成了一个分压电路，产生了一个幅值为电源电压 + VDD 一半的偏置电压。对于理想运放，正负输入端的电压是相等的，但在实际应用中并非如此，在两个输入端之间总会有一个小的失调电压。该失调电压为毫伏级，在小信号检测和处理应用中有可能需要额外关注一下，而在视频、音频和通信设计中通常不是问题，但还是要使该失调电压越小越好。为了使失调电压尽可能小，应使 R_3 和 R_4 的并联阻值等于 R_2。

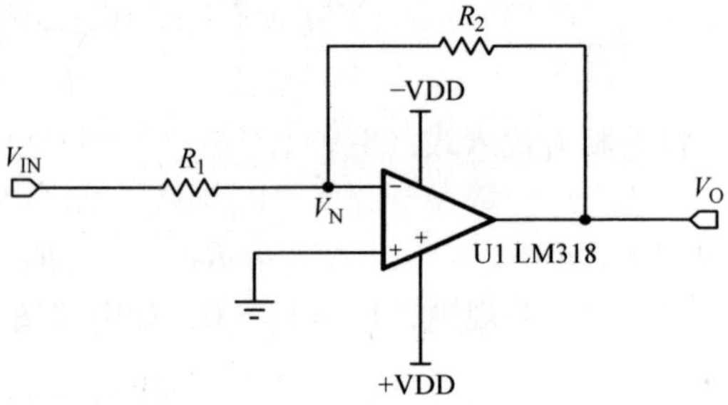

图 8-10　双电源供电的运放

$$R_2 = R_3 // R_4 = \frac{R_3 R_4}{R_3 + R_4}$$

又 $R_3 = R_4$，则 $R_2 = \frac{R_3^2}{2R_3}$。因此

$$R_3 = R_4 = 2R_2 \tag{8-12}$$

偏置电压也可以由调压器产生。调压器的优点在于不受电源噪声的影响，但也有它的缺点，增加了成本，且使设计和布局变得更加复杂。

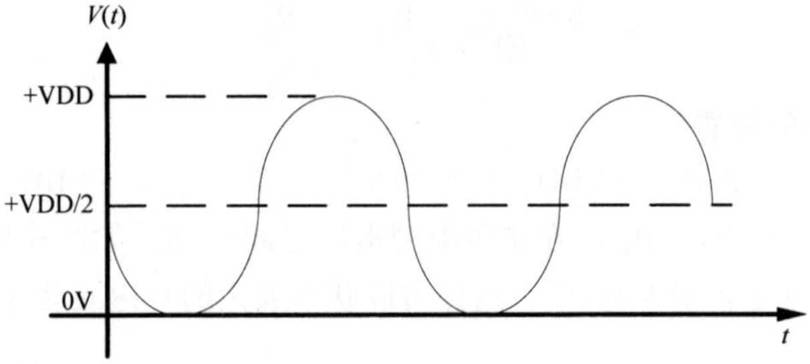

图 8-11　单电源信号的波动

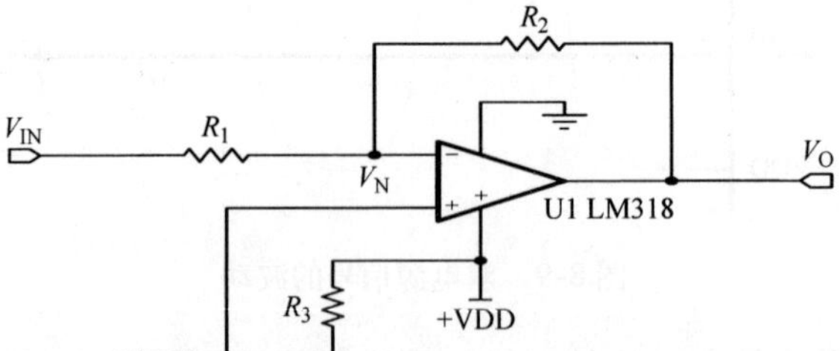

图 8-12　单电源供电的运放

同样，只需将运放的正极性端偏置到电源电压的一半。根据虚短路规则，负

极性端的直流电压也为 + VDD/2，同时也将输出端设置到 + VDD/2。此时整个电路处于直流平衡，使得信号围绕 + VDD/2 对称波动。

还有一个要记住的重要规则，如果电路中的某一点与一个直流电压相连，那么该点就成为交流地或信号地。因此对于图 8-12 中的电阻分压电路，最好增加一个旁路电容 C_1 与 R_4 并联，以提供一个高性能的交流地，如图 8-13 所示。由于该电容连接在运放的正极性输入端，该端子只有直流偏置电压，因此并不会对信号通路产生影响。

对于交流信号，C_1 旁路 R_4 同时也提供了一个连接到地的低阻抗通路。在这种情况下，R_3 和 C_1 形成了一个 RC 滤波器，其转折频率为

$$f_{-3\text{dB}} = \frac{1}{2\pi R_3 C_1} \quad (8\text{-}13)$$

在式（8-13）中，最好通过选择 C_1 使–3dB 转折频率足够低以便滤除电源噪声。下面对一个同相放大器电路进行偏置，与反相放大器的做法相同，即只需对运放的正极性输入端进行偏置。图 8-14 所示的偏置电路中 R_3 与地相连，而接地点在 + VDD 电源电压和 – VDD 电源电压中间。同样，为了使失调电压最小，令 R_3 等于 R_1 和 R_2 的并联。则

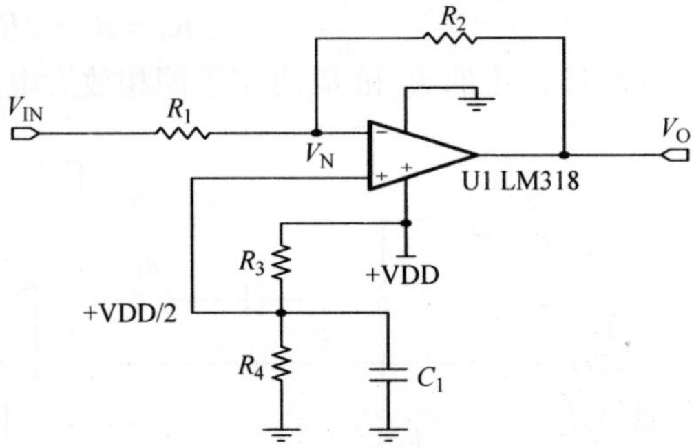

图 8-13　单电源供电的运放

$$R_3 = R_1 // R_2 = \frac{R_1 R_2}{R_1 + R_2} \quad (8\text{-}14)$$

上式（8-14）中的 R_1 和 R_2 决定了电路的交流增益，见式（8-8）。

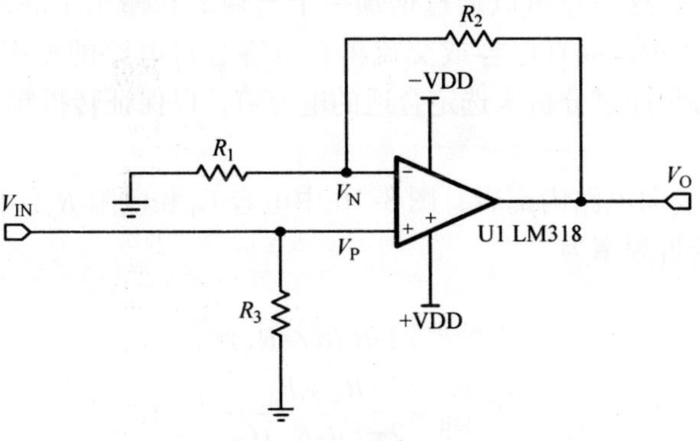

图 8-14　双电源供电运放的偏置

类似地，图 8-15 给出了单电源供电的同相放大器的偏置电路。电阻 R_3 和 R_4 将正极性输入端偏置到电源电压的一半。由于隔直电容 C_3，直流电流不会流过 R_1，为了使失调电压最小，令 R_3 和 R_4 的并联阻值等于 R_2。

$$R_3//R_4 = R_2$$

$$\frac{R_3 R_4}{R_3 + R_4} = R_2$$

由于 $R_3 = R_4$，则

$$R_3 = R_4 = 2R_2 \tag{8-15}$$

上式（8-15）中的 R_1 和 R_2 决定了同相放大电路的增益。

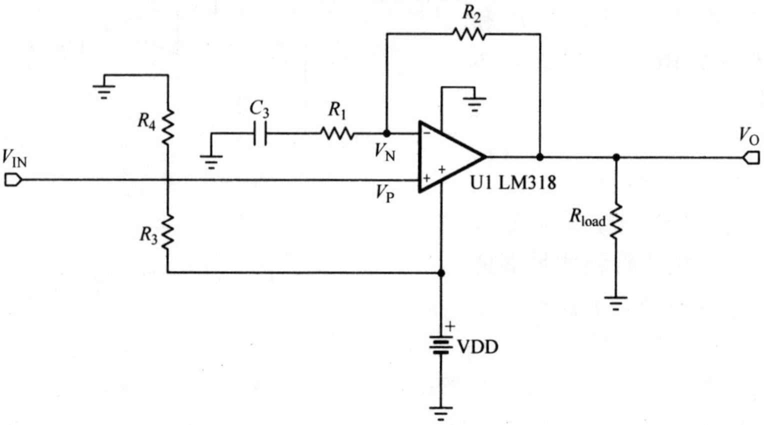

图 8-15　单电源供电运放的偏置

8.1.5　直流与交流耦合

接下来要对运放的直流偏置电压进行隔离，以保证输入和输出负载不会改变电路的直流电压。这一点可以通过增加一个与输入和输出串联的隔直电容来实现，如图 8-16 所示。隔直电容或交流耦合电容会对电路的频率响应产生影响，因此设计人员必须通过分析来选定合适的电容值，以保证转折频率落在信号的频带之外。

从输入端 V_{IN} 向电路内部看，图 8-16 中电容 C_1 和电阻 R_3、R_4 形成了一个高通滤波器，其转折频率为

$$f_{-3dB} = \frac{1}{2\pi(R_3//R_4)C_1}$$

$$f_{-3dB} = \frac{R_3 + R_4}{2\pi(R_3 R_4)C_1} \tag{8-16}$$

高通滤波器的频率响应如图 8-17 所示。

电容 C_3 的作用是阻断直流电流流过电阻 R_1，以维持运放周边所有的直流电

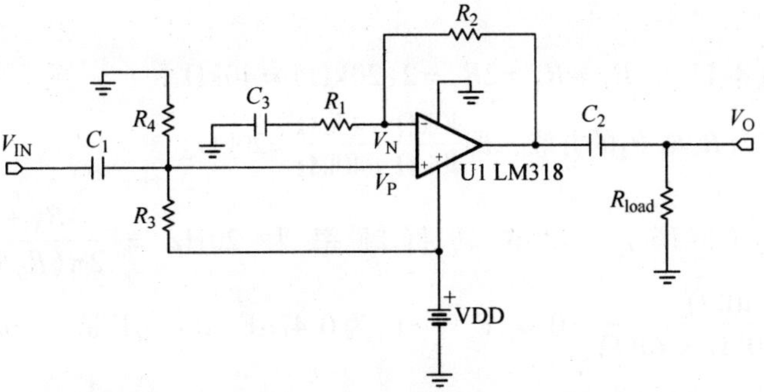

图 8-16　对输入和输出进行交流耦合的同相放大器

压都相等。对于交流信号，C_3 和 R_1 也形成了一个高通滤波器，其–3dB 转折频率为

$$f_{-3\mathrm{dB}}=\frac{1}{2\pi R_1 C_3} \tag{8-17}$$

对于输出交流耦合电容 C_2，从运放的输出端向外看，电容 C_2 和电阻 R_{load} 形成了一个高通滤波器，其–3dB 转折频率为

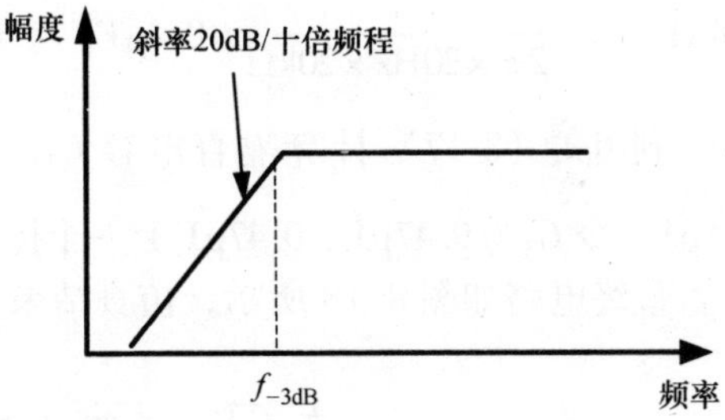

图 8-17　同相高通滤波器的频率响应

$$f_{-3\mathrm{dB}}=\frac{1}{2\pi R_{\mathrm{load}} C_2} \tag{8-18}$$

同样，必须选择 C_2 确保转折频率低于信号频带的最低频率。

设计实例 8.3：设计一个具有如下性能指标的同相音频放大器。

- 增益 = 2
- 输入–3dB 转折频率 = 20Hz
- 输出–3dB 转折频率 = 20Hz
- 从输入到输出，在 20Hz 有–6dB 的衰减，这是由于–3dB 输入级与–3dB 输出级级联造成的。
- 输入阻抗为 10kΩ
- 输出负载阻抗为 20kΩ
- 对输入输出进行交流耦合
- +12V 单电源供电

对电路进行仿真[3]以验证设计结果。

解：采用图 8-16 所示的电路，计算所有元件的参数值。

增益 $=\frac{V_{\mathrm{O}}}{V_{\mathrm{IN}}}=\frac{R_2}{R_1}+1=2$，则 $R_2=R_1$。令 $R_2=R_1=20\mathrm{k}\Omega$，这是一个音频设计

的合理取值。

根据式（8-15），$R_3=R_4=2R_2=2(20\text{k}\Omega)=40\text{k}\Omega$。

输入阻抗为 R_3 与 R_4 的并联，即 $\dfrac{40\text{k}\Omega\times40\text{k}\Omega}{40\text{k}\Omega+40\text{k}\Omega}=20\text{k}\Omega$。

根据式（8-16），-3dB 转折频率为 $20\text{Hz}=\dfrac{R_3+R_4}{2\pi(R_3R_4)C_1}$，$C_1=\dfrac{40\text{k}\Omega+40\text{k}\Omega}{2\pi\times20\text{Hz}\times40\text{k}\Omega\times40\text{k}\Omega}=0.4\mu\text{F}$。令 C_1 为 $0.47\mu\text{F}$，$0.47\mu\text{F}$ 是一个标准电容值。

利用式（8-18）计算输出交流耦合电容 C_2。$20\text{Hz}=\dfrac{1}{2\pi R_{\text{load}}C_2}$，式中，$R_{\text{load}}$ 为 $20\text{k}\Omega$。$C_2=\dfrac{1}{2\pi\times20\text{Hz}\times20\text{k}\Omega}=0.4\mu\text{F}$。令 C_2 为 $0.47\mu\text{F}$，$0.47\mu\text{F}$ 是一个标准电容值。

利用式（8-17）计算隔直电容 C_3。$20\text{Hz}=\dfrac{1}{2\pi R_1C_3}$，$C_3=\dfrac{1}{2\pi\times20\text{Hz}\times20\text{k}\Omega}=0.4\mu\text{F}$。令 C_3 为 $0.47\mu\text{F}$，$0.47\mu\text{F}$ 是一个标准电容值。

最终电路如图 8-18 所示，仿真结果如图 8-19 所示。

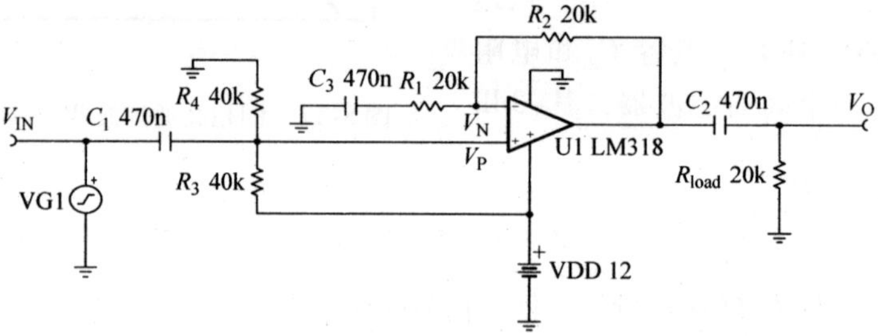

图 8-18　例 8.3 的最终电路

图 8-19 中的仿真结果验证了在 20Hz 有–6dB 的衰减；整个电路的增益为 2 或 +6dB，在 20Hz 处增益为 +6dB 减去 6dB 的衰减，因此图 8-19 中的图形显示 20Hz 时的增益为 0dB。

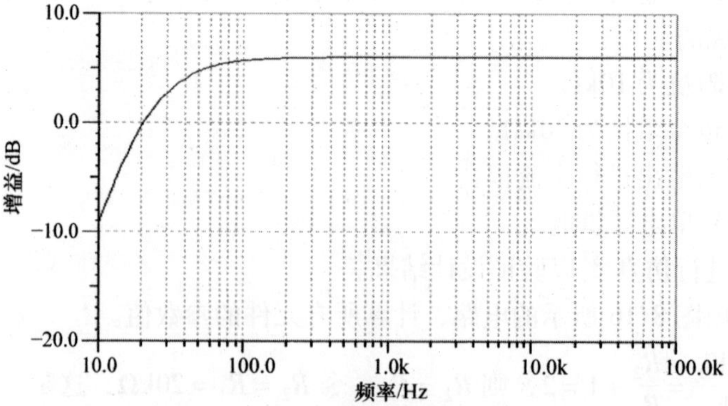

图 8-19　例 8.3 最终电路的仿真结果

接下来讨论图8-20中的反相电路，从输入端V_{IN}向电路内部看，电容的阻抗改变了电路增益，电路增益等于R_2除以R_1加上电容C_2的阻抗。

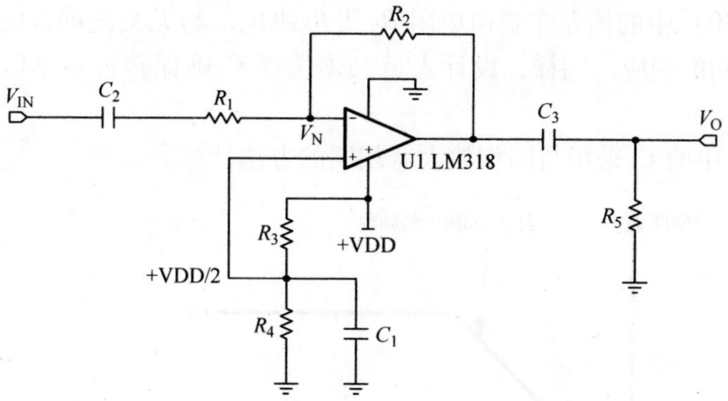

图8-20　反相放大器交流耦合输入和输出

$$\frac{V_O}{V_{IN}} = -\frac{R_2}{R_1 + Z_2} \tag{8-19}$$

式中，Z_2是C_2的阻抗，等于$\frac{1}{j2\pi f C_2}$㊀；f为频率。

将Z_2代入式（8-19），忽略负号，负号仅仅表明输出反相，则增益的幅度为

$$\frac{V_O}{V_{IN}} = \frac{2\pi f C_2 R_2}{\sqrt{(2\pi f C_2 R_1)^2 + 1}} \text{㊁} \tag{8-20}$$

转折频率为

$$f_{corner} = \frac{1}{2\pi R_1 C_2} \tag{8-21}$$

式中，C_2和R_1是向电路内部看去的输入阻抗。将转折频率代入式（8-20），在该频率点增益的幅度为

$$\frac{V_O}{V_{IN}} = \frac{R_2}{\sqrt{2} R_1} \text{㊂} \tag{8-22}$$

若$R_2 = R_1$，转折频率处的增益为

$$20\log\frac{1}{\sqrt{2}} = -3\text{dB}\text{㊃}$$

㊀ 原文中为$\frac{1}{2\pi f C_2}$。——译者注

㊁ 原文中为$\frac{V_O}{V_{IN}} = \frac{2\pi f C_2 R_2}{2\pi f C_2 R_1 + 1}$。——译者注

㊂ 原文中为$\frac{V_O}{V_{IN}} = \frac{R_2}{2R_1}$。——译者注

㊃ 原文中为20log（0.5）= 6dB。——译者注

因此，反相放大器输入端的交流耦合电容形成了一个高通滤波器，如图8-21所示，式（8-21）所确定的转折频率处的增益为–3dB㊀。随着频率变得越来越高，式（8-20）中的增益主要由电阻 R_2 和 R_1 决定，与无交流耦合电容的反相放大器具有相同的响应。同样，设计人员必须选择 C_2 确保转折频率低于信号的最低频率。

图8-20中的 C_3 采用与同相放大器相同的方法计算。

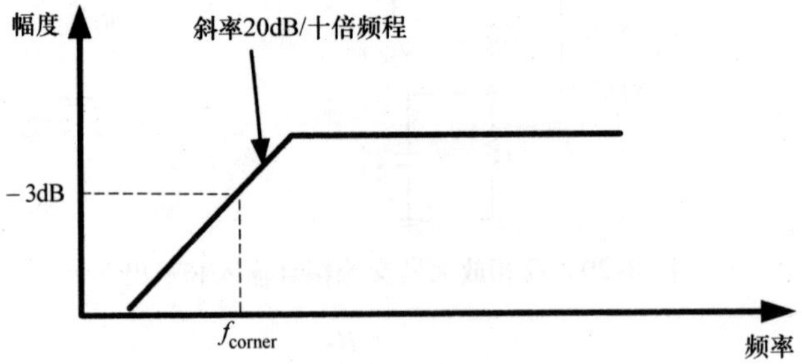

图8-21　反相高通滤波器响应㊁

设计实例8.4：设计一个具有如下性能指标的反相音频放大器。

- 增益 = –2
- 输入–3dB 转折频率 = 20Hz
- 输出–3dB 转折频率 = 20Hz
- 从输入到输出，在20Hz有–9dB的衰减，这是由于 – 6dB 输入级㊂与–3dB 输出级级联造成的。
- 输入阻抗大于10kΩ
- 输出负载阻抗为20kΩ
- 对输入输出进行交流耦合
- +12V 单电源供电

对电路进行仿真[3]以验证设计结果。

解：采用图8-20所示的电路，计算所有元件的参数值。

增益 $= \frac{V_O}{V_{IN}} = \frac{R_2}{R_1} = 2$（忽略负号，负号仅代表相位），则 $R_2 = 2R_1$。令 $R_1 = 20\text{k}\Omega$，则 $R_2 = 2\times 20\text{k}\Omega = 40\text{k}\Omega$。

根据式（8-12），$R_3 = R_4 = 2R_2 = 2\times 40\text{k}\Omega = 80\text{k}\Omega$。

㊀ 原文中为 – 6dB。——译者注

㊁ 原文中 f_{corner} 处的幅度为 – 6dB。——译者注

㊂ 原文中作者认为输入级的增益为 – 6dB，可参考P105注释。——译者注

由于运放的正负极性输入端相等，都等于交流地，输入阻抗等于 R_1 为 20kΩ。

根据式（8-21），输入转折频率（–6dB）为 $20\text{Hz}=\dfrac{1}{2\pi R_1C_2}$，$C_2=\dfrac{1}{2\pi\times20\text{Hz}\times40\text{k}\Omega}=0.2\mu\text{F}$[⊖]。令 C_2 为 0.22μF，0.22μF 是一个标准电容值。

利用式（8-18）计算输出交流耦合电容 C_3。$20\text{Hz}=\dfrac{1}{2\pi R_5C_3}$，式中 R_5（负载）为 20kΩ。$C_3=\dfrac{1}{2\pi\times20\text{Hz}\times20\text{k}\Omega}=0.4\mu\text{F}$。令 C_3 为 0.47μF，0.47μF 是一个标准电容值。

利用式（8-13）计算旁路电容 C_1。$f_{-3\text{dB}}=\dfrac{1}{2\pi R_3C_1}=20\text{Hz}$，这是偏置电压滤波器的转折频率。$C_1=\dfrac{1}{2\pi\times20\text{Hz}\times80\text{k}\Omega}=0.1\mu\text{F}$。

最终电路如图 8-22 所示，仿真结果如图 8-23 所示。

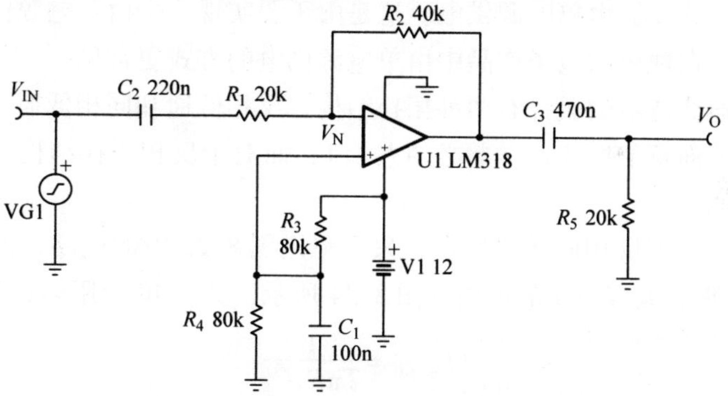

图 8-22　例 8.4 的最终电路

图 8-23 的仿真结果验证了在 20Hz 处有一个–9dB 的衰减。整个电路的增益为 2 或 +6dB，在 20Hz 处的增益为 +6dB 减去 9dB 的衰减。因此图 8-23 中的图形显示 20Hz 时的增益约为–3dB。

⊖ 原文中此处将 R_1 取值为 40kΩ，才得到 $C_2=0.2\mu\text{F}$，并藉此得到了 –6dB 的输入级增益。若将 R_1 取值为 20kΩ，则 $C_2=\dfrac{1}{2\pi\times20\text{Hz}\times20\text{k}\Omega}=0.4\mu\text{F}$。由于后文所做的仿真以及在此设计实例基础上所做的设计实例 8.5 等工作都是在 $C_2=0.2\mu\text{F}$ 的基础上进行的，下文按原文进行翻译，不再进行修正。——译者注

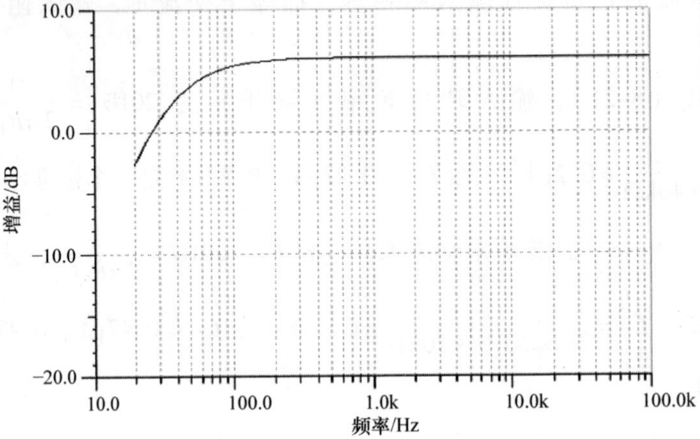

图 8-23　设计实例 8.4 最终电路的仿真结果

8.1.6　一阶有源滤波器的设计

假设有源滤波器由单电源供电。这是由于要实现一个由双电源供电的设计方案成本更高，在现今的电子产品中由单电源供电的方式更常见。

一阶低通滤波器的设计有两种拓扑结构，反相低通和同相低通。对于同相拓扑结构，如前面章节所述，增益必须大于1；而对于反相拓扑结构，输出较输入有 180°的相移。

为了搭建一个反相低通滤波器，只需采用图 8-22 中的电路，同时增加一个与电阻 R_2 并联的电容。新的电路如图 8-24 所示，其–3dB 上限转折频率为

$$f_{-3\mathrm{dB}}=\frac{1}{2\pi R_2 C_4} \tag{8-23}$$

所有其他参数的设计方法都与前面运算放大器设计章节中给出的方法相同。

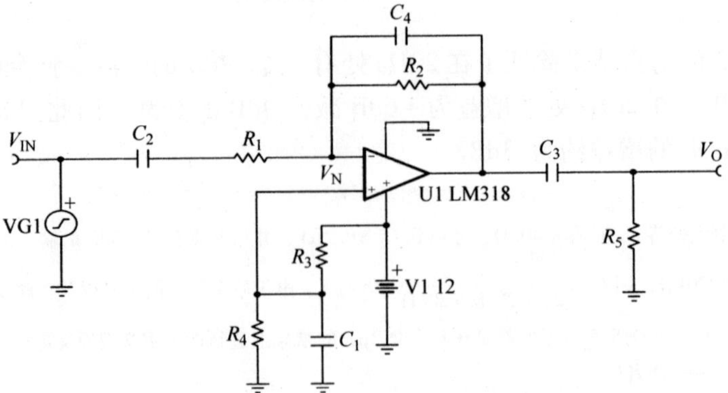

图 8-24　一阶有源低通滤波器

设计实例 8.5：设计一个一阶反相音频滤波器，性能指标与设计实例 8.4 相同，增加一个 20kHz 的频率上限。对电路进行仿真以验证设计结果。

解：采用图 8-24 所示的电路。根据式（8-23），–3dB 上限频率为 $20\text{kHz}=\dfrac{1}{2\pi R_2 C_4}$。

从设计实例 8.4 可知 R_2 为 40kΩ，则 $C_4=\dfrac{1}{2\pi\times 40\text{k}\Omega\times 20\text{kHz}}=200\text{pF}$。

最终的电路与仿真结果分别如图 8-25 和图 8-26 所示。验证了电路的频率响应在 20kHz 有一个上限截止频率。这是一个一阶滤波电路，20kHz 时下降了 -3dB，斜率为每十倍频程下降 20dB。

如前所述，反相低通滤波器的输出与输入相比有一个 180°的相移。图 8-27 是 2 倍增益时输入和输出波形相位关系的仿真结果。

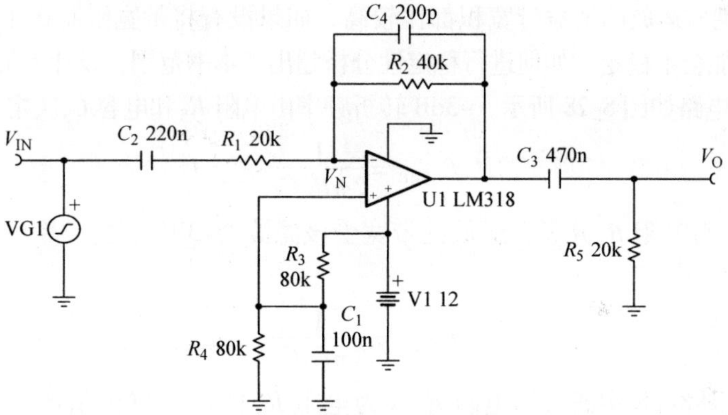

图 8-25　一阶有源低通滤波器的最终电路

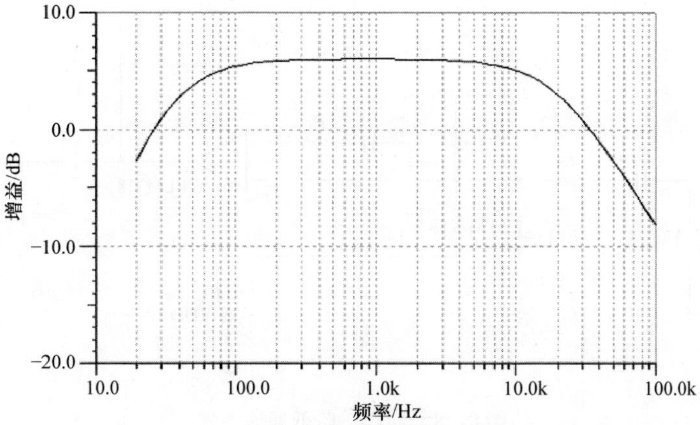

图 8-26　一阶有源滤波器的最终仿真结果

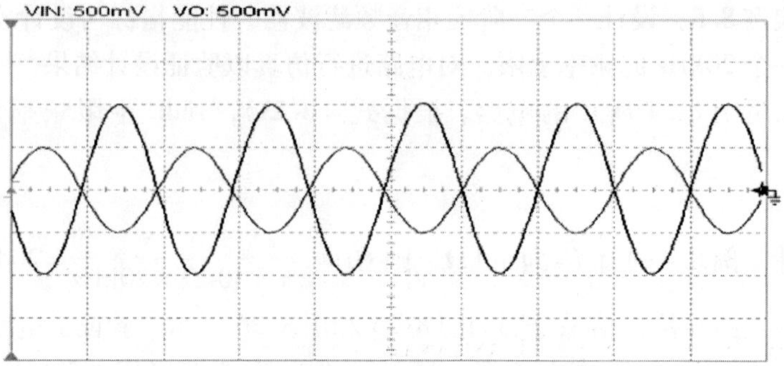

图 8-27　输入与输出波形的比较

为了实现同相一阶低通滤波器，应采用同相放大器电路，并增加一个与 R_2 并联的电容以限制运放的带宽，同时在运放的正极性输入端增加一个 RC 滤波器，如图 8-28所示。通常运放的增益带宽积都比较高，如果没有将带宽限制在工作频率范围内，运放可能会不稳定。如何进行稳定性分析超出了本书范围，设计人员可以参考文献［2］。新电路如图 8-28 所示，–3dB 转折频率由电阻 R_5 和电容 C_5 决定。

$$f_{-3\mathrm{dB}}=\frac{1}{2\pi R_5C_5} \tag{8-24}$$

由于 C_4 与电阻 R_2 并联，运放的带宽受该滤波器–3dB 转折频率的限制。该转折频率为

$$f_{-3\mathrm{dB}}=\frac{1}{2\pi R_2C_4} \tag{8-25}$$

同样，图 8-28 中滤波器电阻 R_5 应为电阻 R_3 和 R_4 并联阻值的十分之一，这是为了尽可能减小由 R_5 和 R_3、R_4 并联形成的分压器所产生的影响。

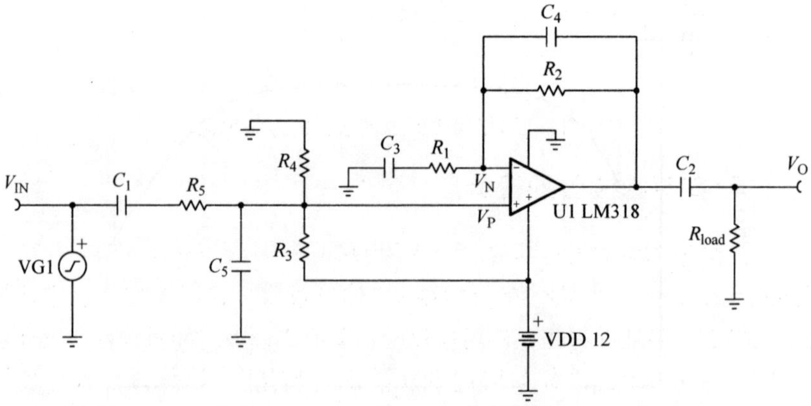

图 8-28　同相一阶低通滤波器

设计实例 8.6：设计一个一阶同相音频滤波器，性能指标与设计实例 8.3 相同，增加一个 20kHz 的频率上限。对电路进行仿真以验证设计结果。

解：采用图 8-28 所示的电路。根据式（8-24），–3dB 上限频率为 $20\text{kHz}=\dfrac{1}{2\pi R_5 C_5}$。

从设计实例 8.3 可知 $R_3=R_4=40\text{k}\Omega$，因此 $R_5=\dfrac{1}{10}(R_3//R_4)=\dfrac{1}{10}\dfrac{R_3R_4}{(R_3+R_4)}=2\text{k}\Omega$，$C_5=\dfrac{1}{2\pi\times 2\text{k}\Omega\times 20\text{kHz}}=0.00398\mu\text{F}$。

由于最大上限频率为 20kHz，可以将运放限制在 40kHz，即 2 倍的信号带宽，即可以提供足够的带宽裕量。

根据式（8-25），$40\text{kHz}=\dfrac{1}{2\pi R_2 C_4}$。在设计实例 8.3 中，$R_2=20\text{k}\Omega$，则 $C_4=\dfrac{1}{2\pi\times 20\text{k}\Omega\times 40\text{kHz}}=200\text{pF}$。

最终的电路与仿真结果分别如图 8-29 和图 8-30 所示。验证了电路的频率响应在 20kHz 有一个上限截止频率。这是一个一阶同相滤波电路，20kHz 时为 –3dB，斜率为–20dB/十倍频程。

图 8-31 是 2 倍增益时输入和输出波形相位关系的仿真结果。仿真结果正确，与计算结果非常相似。

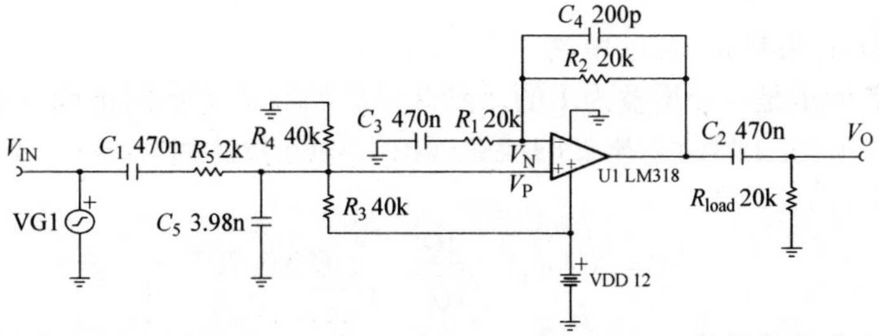

图 8-29　同相一阶低通滤波器的最终电路

8.1.7　二阶有源滤波器的设计

用于二阶低通滤波器设计最好且最常用的拓扑结构是 Sallen – Key 电路[4]。有三种不同的 Sallen – Key 电路，单位增益、2 倍增益及 2 倍以上增益。增益越高电路变得越不稳定，因此最好将整体增益保持在 2 或 2 以下。如果设计方案要求更高的增益，可以再用一个运放作为增益级以提高整体增益，这样可以确保良好的稳定性。

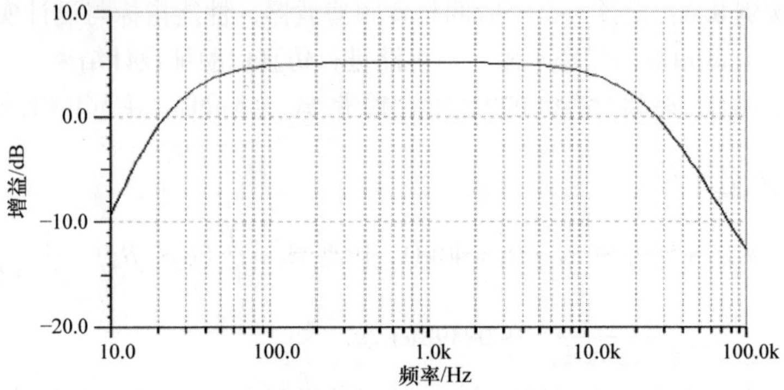

图 8-30 同相一阶低通滤波器的最终仿真结果

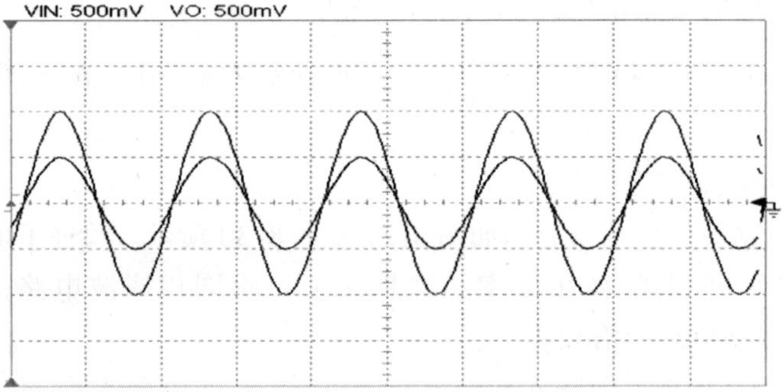

图 8-31 同相输入与输出波形的比较

增益 =1 的 Sallen - Key 电路

图 8-32 所示是一个增益为 1 的二阶低通滤波器[4]。电阻值和电容值归一化为 1 和 Q，Q 决定了转折频率处的增益峰值（Gain Peaking，GP），如图 8-33 所示。增益峰值的公式为

$$GP = 20\log_{10}\frac{2Q^2}{\sqrt{4Q^2-1}},\ Q>0.707 \tag{8-26}$$

$Q=0.707$ 时无增益峰值。

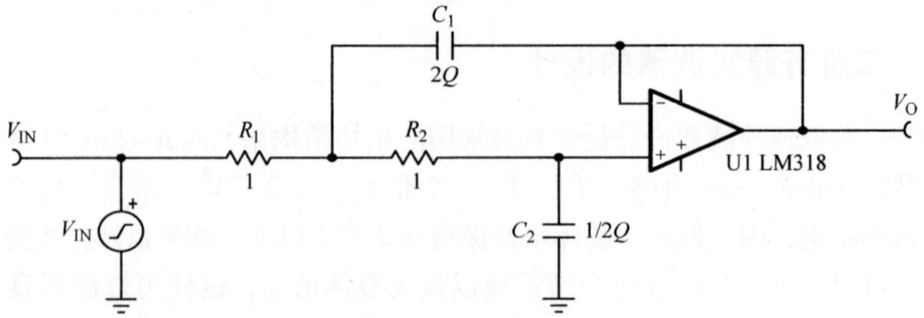

图 8-32 增益 = 1 的 Sallen - Key 电路

计算电容和电感值可以利用以下公式。

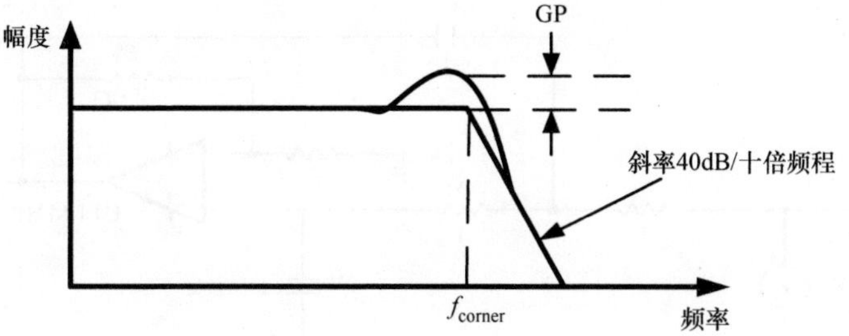

图 8-33 Sallen - Key 电路的频率响应和 GP

$$R_{new}=K_mR_{old} \tag{8-27}$$

式中，K_m是新阻值；R_{old}是图 8-32 中所示的归一化电阻。

$$C_{new}=\frac{1}{K_fK_m}C_{old} \tag{8-28}$$

式中，K_f是转折频率，单位 rad/s，$K_f=2\pi f$，f是以赫兹为单位的转折频率。

增益 =2 的 Sallen - Key 电路

如同相放大器章节所述，由于图 8-34 中 R_3和 R_4相等，整个电路的增益为 1 加上电阻 R_4与 R_3的比值，也就是 2。电路中所有参数值的计算方法与增益为 1 的 Sallen - Key 电路的计算方法相同。

增益 $=3-\frac{1}{Q}$的 Sallen - Key 电路

图 8-35 所示电路的整体增益[4]为

$$1+\frac{R_4}{R_3}=1+\frac{2-1/Q}{1}=3-\frac{1}{Q} \tag{8-29}$$

电路中所有参数值的计算方法与增益 = 1 的 Sallen - Key 电路的计算方法相同。

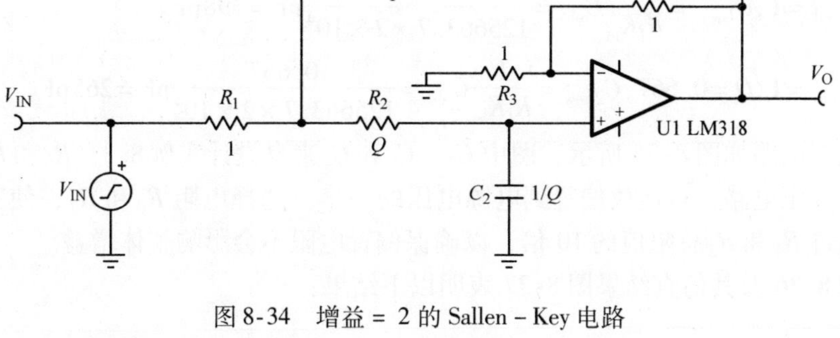

图 8-34 增益 = 2 的 Sallen - Key 电路

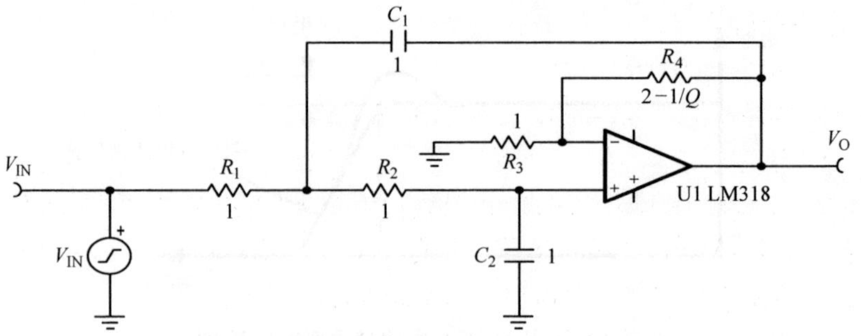

图 8-35　增益 $=3-\frac{1}{Q}$ 的 Sallen – Key 电路

设计实例 8.7：设计一个具有如下性能指标的二阶同相 Sallen – Key 低通滤波器。

- 增益 =2
- 转折频率 =20kHz
- 增益峰值 =5dB
- 输出负载阻抗 =20kΩ
- +12V 单电源供电
- 采用与设计实例 8.3 相同的输入输出耦合电容

对电路进行仿真[3]以验证设计结果。

解：由于增益 =2，采用图 8-34 所示的电路。

由于转折频率 =20kHz，$K_f=2\pi f=2\pi\times 20\text{kHz}=125663.7\text{rad/s}$。

令 $K_m=2\times10^4$。

由于增益峰值㊀ =4dB，$4\text{dB}=20\log_{10}\frac{2Q^2}{\sqrt{4Q^2-1}}$，可以解出 Q，$Q=1.5$。

$R_{new}=K_mR_{old}=2\times10^4=R_1=R_3=R_4$。

$R_{2old}=Q=1.5, R_2=K_mR_{old}=2\times10^4\times1.5\text{k}\Omega=30\text{k}\Omega$。

$C_{1old}=1, C_{1new}=\frac{1}{K_fK_m}C_{old}=\frac{1}{125663.7\times2\times10^4}\text{pF}=398\text{pF}$。

$C_{2old}=1/Q=0.667, C_{2new}=\frac{1}{K_fK_m}C_{old}=\frac{0.667}{125663.7\times2\times10^4}\text{pF}=265\text{pF}$。

最终电路如图 8-36 所示，图中 C_3、C_5 和 C_4 来自设计实例 8.3。R_6 和 R_7 形成了一个分压电路，将运放偏置到电源电压的一半。选择电阻 R_6 和 R_7，使其并联阻值超过 R_1 和 R_2 总阻值的 10 倍，以确保偏置电阻不会影响整体增益。

图 8-36 及其仿真结果图 8-37 表明以下结果：

㊀ 原文在此处将增益峰值修改为 4dB。——译者注

- 增益峰值 = 4dB
- 转折频率 = 20kHz
- 斜率 = -40dB/十倍频程，二阶低通滤波器
- 通带信号增益 = 1.85 而不是 2，这是由于偏置电阻 R_6 和 R_7 增加了信号的负载。增加 R_6 和 R_7 的总阻值可以改善这一结果，但由于无法为运放提供所需的偏置电流，有可能会引发新的问题。还有一个方法就是降低 R_1 和 R_2 的总阻值，该方法虽然效果更好一些，但需要全部重新设计滤波器。

Sallen - Key 最终电路的输入输出波形比较如图 8-38 所示。

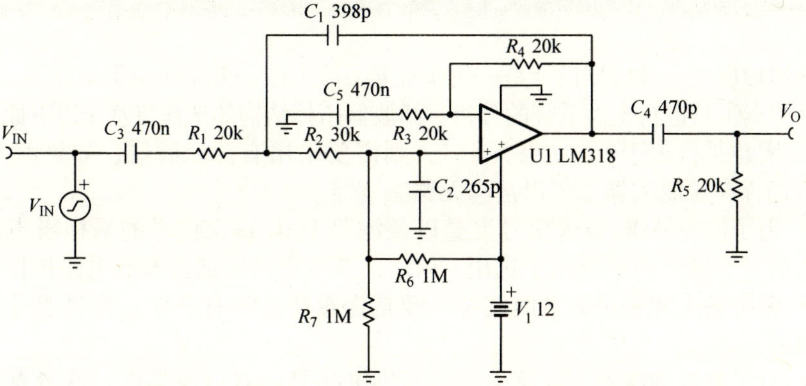

图 8-36　增益 = 2 的 Sallen - Key 滤波器的最终电路

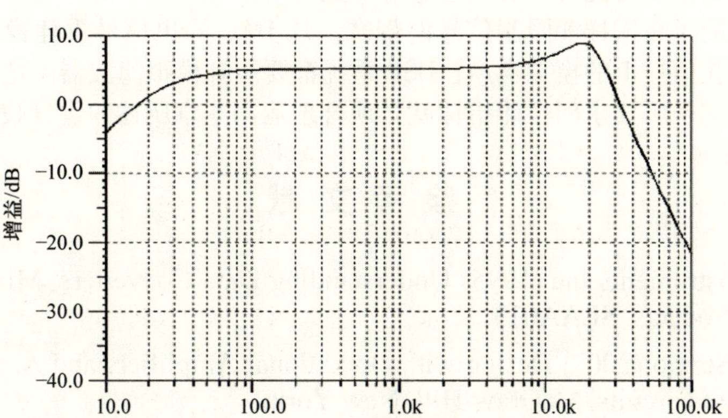

图 8-37　Sallen - Key 最终电路的仿真结果

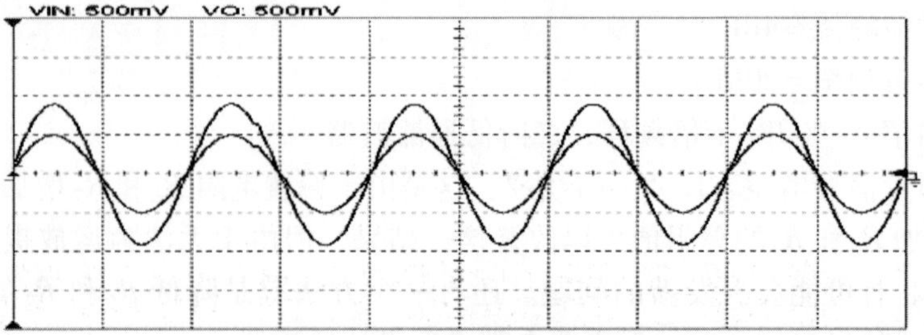

图 8-38　Sallen – Key 最终电路的输入输出波形比较

8.2　小结

如本章所述，滤波器设计是一项非常复杂的工作，需要使用类似文献［3］中的电路仿真工具进行全面系统的分析。滤波器拓扑结构的选择应基于以下原则：

- 增益是否大于 1？如果大于 1，则需要采用有源滤波器；如果不大于 1，既可以选择有源滤波器也可以选择无源滤波器。
- 为了防止 ADC 输入信号混叠以及滤除 DAC 输出信号的采样噪声，要怎样进行信号衰减？由此决定了选用一阶、二阶或更高阶滤波器的电路拓扑。
- 保持输入和输出信号的相位一致是否重要？如有必要，就只能采用同相滤波器。
- 对于有源滤波器，电路由单电源供电还是由双电源供电？参考直流和交流耦合及运放偏置章节，对电路进行偏置以获得最大的对称波动电压。
- 对于无源滤波器，是否需要对电感进行屏蔽？电感可能会辐射高频噪声，因此为了抑制辐射可能需要对电感进行屏蔽。

总之，为了在采样前限制信号的带宽，从 DAC 输出信号重建模拟信号，以及消除调制在信号上的模拟噪声，DSP 系统都要用到模拟滤波器。这些滤波器非常重要，要实现所要求的性能指标就必须合理运用本章所述的设计技术。

参 考 文 献

[1] Texas Instruments Inc (1995) Understanding Data Converters, Mixed-Signal Products, SLAA013.

[2] Franco Sergio (2002) Design with Operational Amplifiers and Analog Integrated Circuits. McGraw-Hill, New York.

[3] Texas Instruments Inc (2008) Spice-Based Analog Simulation Program. http://focus.ti.com/docs/toolsw/folders/print/tina-ti.html.

[4] Valkenburg M.E. Van (1982) Analog Filter Design. Holt, Rinehart and Winston, New York.

第 9 章

存储器子系统设计中的问题

目前的 DSP 系统中最重要的总线就是存储器总线，在存储器总线上有大量的超高速数据从 DSP 传输到物理存储器设备或者从物理存储器设备传输到 DSP。总线上数据的开关速度非常快，数据的上升下降时间、存储器时钟以及控制信号都接近亚纳秒级。这些高速的暂态过程会引发噪声、辐射、电源跌落、信号完整性以及存储器时序等问题。本章讨论存储器子系统的设计技术，以期尽可能减小高速数据传输产生的影响。

9.1 DDR 存储器概述

DDR 在存储器时钟的两个边沿发送和接收数据，这给 DDR 的设计提出了许多问题，为此本章假定存储器就是 DDR 存储器。包括一个叫做延迟锁定回路或 DLL（Delay Locked Loop）的噪声敏感模拟电路，在这种情况下，内部或外部噪声可能引发过度的 DLL 抖动，导致存储器失效。

三种不同类型的 DDR 存储器，为 DDR1、DDR2、移动 DDR 或 mDDR，其概述见表 9-1。

表 9-1　DDR SDRAM 概述

参数	DDR1	DDR2	mDDR
时钟速率	高达 200MHz	高达 400MHz	高达 200MHz
功耗	高	中等，动态功率低 40%	低（常用于移动设备）
差分时钟	是	是	是
差分控制引脚，DQS	否	是（可选）	否
外部 V_{REF}	是，最小 $0.49V_{dd}$，最大 $0.51V_{dd}$	是，最小 $0.49V_{dd}$，最大 $0.51V_{dd}$	否
用于 DQ 和 DQS 校准的 DLL	是	是	否

图 9-1 示出了基本的 DSP 和 DDR 接口，信号的定义见表 9-2。

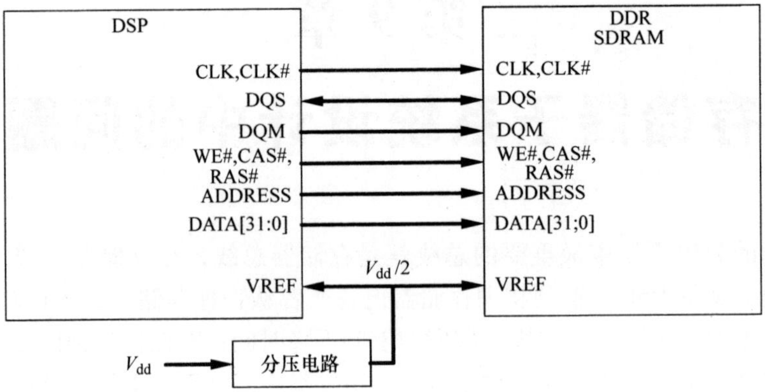

图 9-1 DDR 接口

表 9-2 DDR 信号定义

CLK	DDR 时钟
CLK#	反相的 DDR 时钟
DQS	数据控制引脚：一个双向信号，从 DSP 输出用于写，从存储器输入用于读
DQM	数据屏蔽：在写访问输入数据时，当 DQM 为高电平时输入数据被屏蔽
WE#	低电平有效写使能
CAS#，RAS#	低电平有效列地址选通引脚和低电平有效行地址选通引脚
VREF	参考电压：电源电压的一半
ADDRESS	地址总线：为 ACTIVATE 命令提供行地址，为 READ/WRITE 命令提供列地址
DATA［31：0］	32 位双向数据总线

9.1.1 DDR 写周期

图 9-2 所示是存储器的一个写周期，其中，D0 是最低有效位，DQS 是数据控制引脚。在 DQS 的两个边沿进行数据传输，DQS 较第一个数据发生通常有 90° 的相移。图 9-3 是示波器捕获的实际存储器总线的波形。

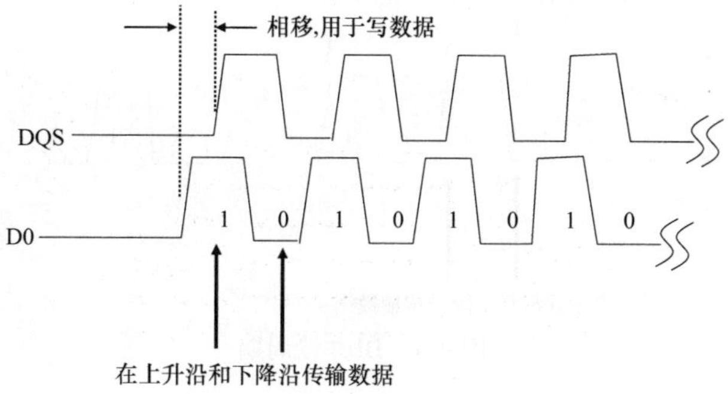

图 9-2　DDR 写周期

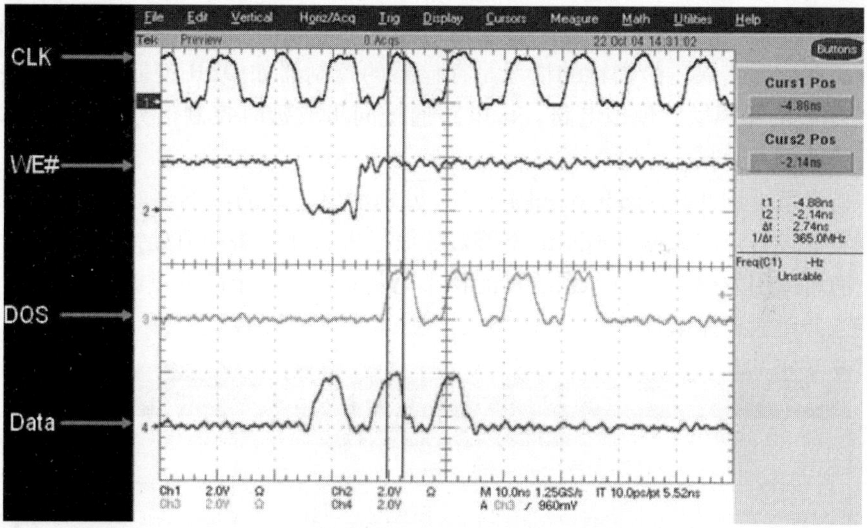

图 9-3　示波器捕获的 DDR 写周期波形

9.1.2　DDR 读周期

图 9-4 所示是存储器的一个读周期，其中，D0 是最低有效位，DQS 是数据控制引脚。在 DQS 的两个边沿进行数据传输，DQS 与 D0 同步。在读周期存储器设备输出 DQS，同步驱动数据总线。

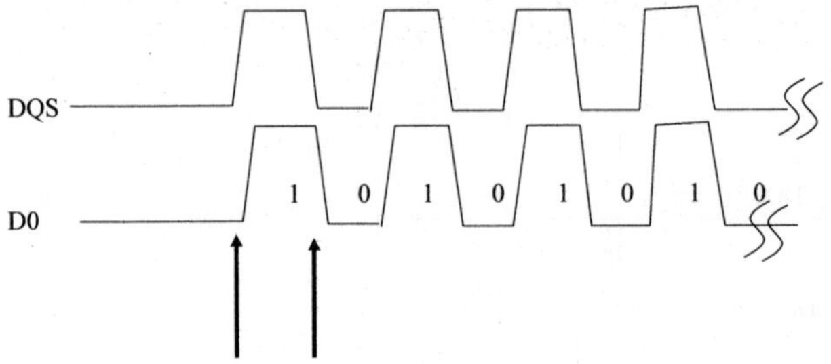

图 9-4　DDR 读周期

9.2　DDR 存储器的信号完整性

如第 2 章和第 3 章所述，不理想的信号完整性设计会产生传输线效应和串扰。而存储器的时序十分重要，过度的过冲、下冲和信号故障会导致误触发并引起存储器读写错误。最糟糕的情况是存储器的控制器如 DDR 控制器依赖于一个类似 DLL 的噪声敏感模拟电路，该电路通过同步或延时控制信号从外部存储器设备读取输入数据。

仿真波形图 9-5、图 9-6 和图 9-7[2] 分别示出了好的、不够好的和丑陋的信号完整性设计。在图 9-6 所示的不够好的波形中，在开关阈值处恰好出现了小毛刺，有可能引发时钟故障，系统可能将小毛刺看做是一个高低过渡，就像一个时钟输入并对其产生响应。

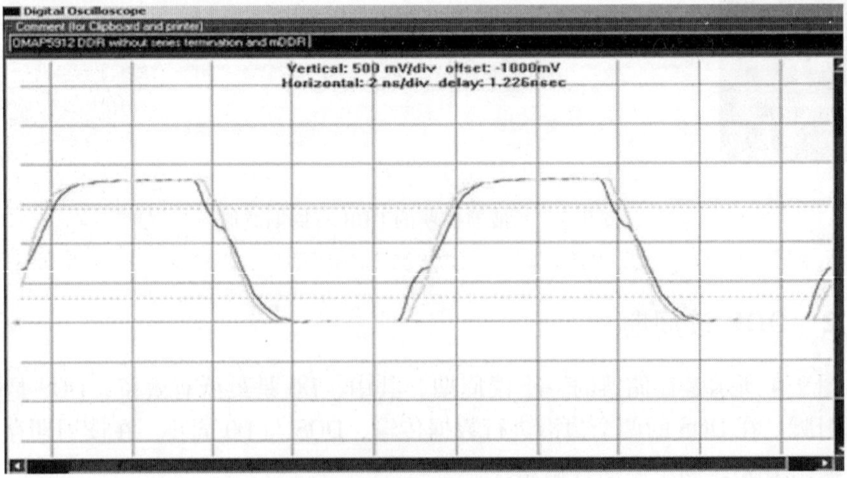

图 9-5　好的 DDR 时钟波形

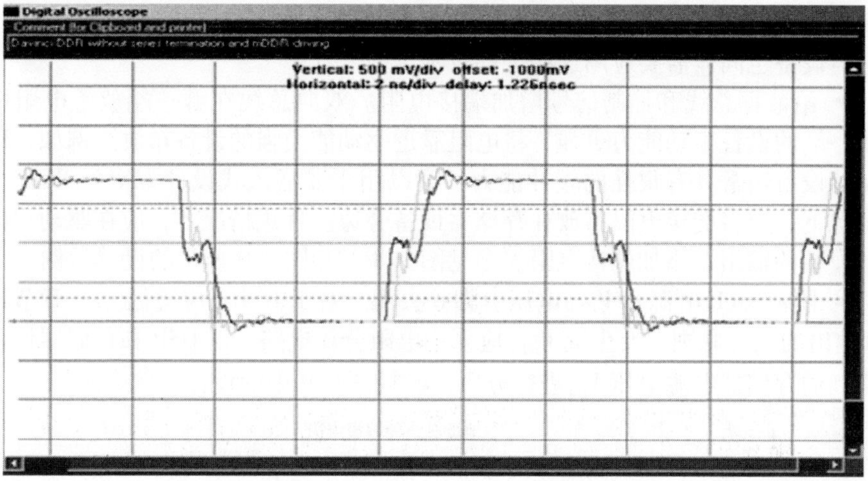

图9-6 不够好的DDR时钟波形

在图9-7所示的丑陋的波形中过度的过冲和下冲导致过冲的峰值超过了输入高电平的最小值 V_{ih}，引发时钟故障。同时，这些过冲和下冲还会产生大量的噪声和辐射。一种经验做法是对信号进行微调，直到所有的过冲都远远低于阈值电压 V_{ih}。

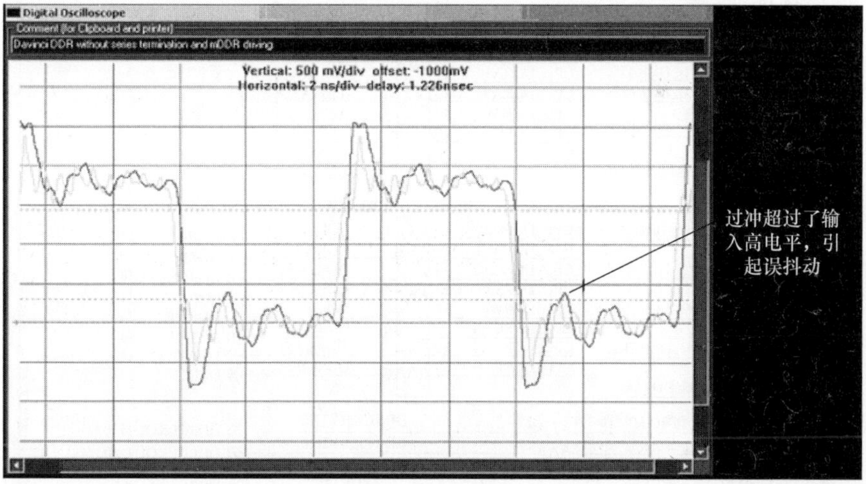

图9-7 过度过冲的DDR时钟波形

9.3 DDR存储器系统设计示例

下面给出有助于存储器获得较好的信号完整性的设计原则：

- 采用第5章给出的高效去耦技术。强烈推荐给每个DDR功率引脚配置一个高频电容（0.01 ~0.22μF），给 DDR 区域配置一个大电容（10μF）。在设计中存储器设备也同样需要应用这些去耦技术。

- 给数据总线和控制信号增加端接电阻。双向总线在哪一端放置电阻取决于哪一端的设备驱动能力更强，将电阻靠近驱动能力强的设备布放。例如，DDR 存储器设备通常具有很强的缓冲能力，可以用于非嵌入式设计方案如 PC。在这种情况下，应将端接电阻布放在存储器设备旁边。理想情况下，应在驱动双向总线的设备的输出端添加端接电阻。参见图 9-8[3] 和图 9-9 所示的设计示例。
- 隔离 DLL 电源和 V_{REF} 电压引脚并去耦。对于 DLL，应遵循 PLL 章节即第 6 章给出的设计原则。要生成 V_{REF} 应采用电阻分压电路，对 DSP 和存储器设备都要用到的存储器电源电压 V_{dd} 进行分压，参见图 9-9 中的设计示例[1]。

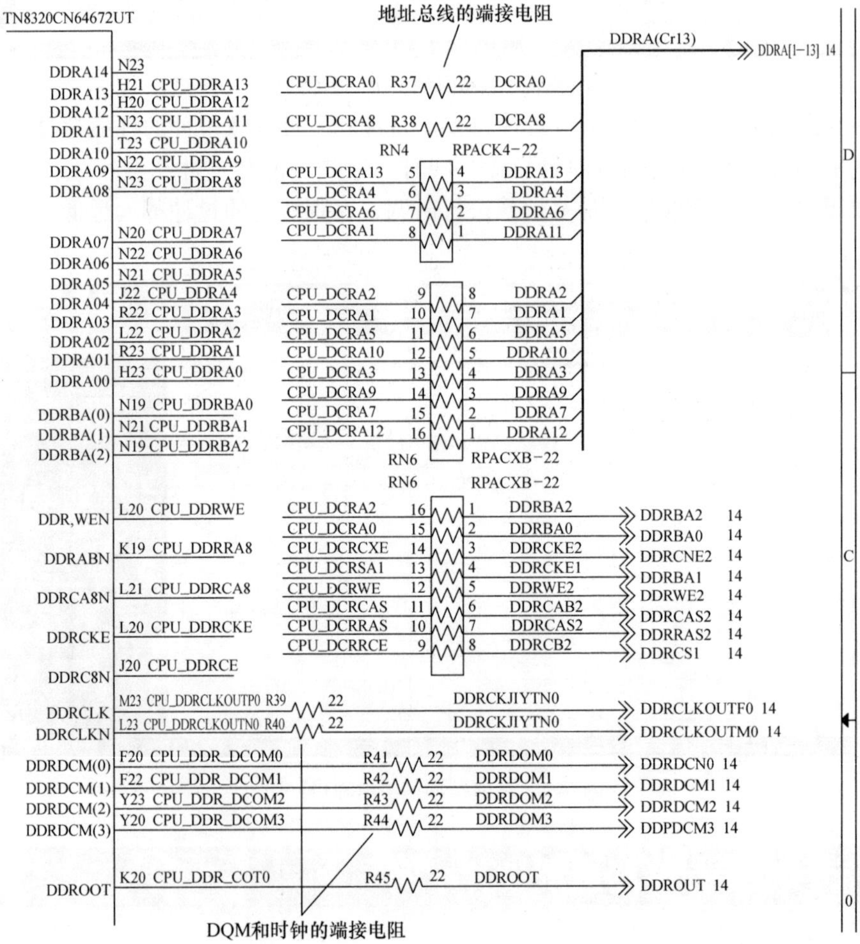

图 9-8　DSP 端的 DDR 设计示例

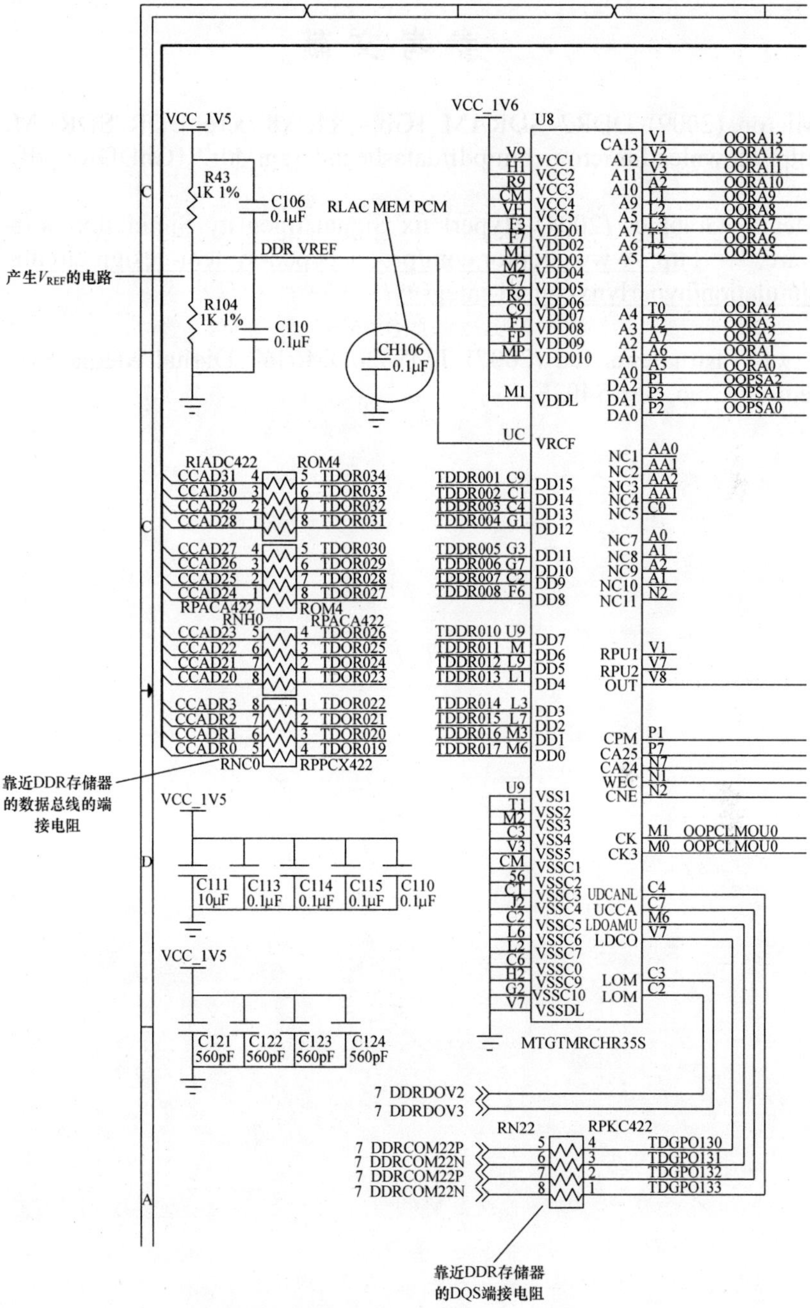

图 9-9　DDR 存储器端的 DDR 设计示例

参 考 文 献

[1] Micron (2009) DDR2 SDRAM 1Gb: x4, x8, x16 DDR SDRAM. http://download.micron.com/pdf/datasheets/dram/ddr2/1GbDDR2.pdf.

[2] Mentor Graphics (2004) Hyperlynx Signal Integrity Simulation software. http://www.mentor.com/products/pcb-system-design/circuit-simulation/hyperlynx-signal-integrity/.

[3] Texas Instruments Inc (2007) TMS320DM6467 Digital Media System-on-Chip, SPRS403F.

第 10 章 印制电路板（PCB）布局

一旦所有的电路都设计完毕，接下来就要进行 PCB 布局。在研发过程中这一步非常重要，这是由于滤波电路的有效性取决于元件相对于 DSP 引脚的布放位置。而且 PCB 布局对噪声、串扰和传输线效应都有很大影响，因此优化布局可以尽可能地减小这些影响。本章讨论用于降低噪声和 EMI 的 PCB 层叠和布局技术。

10.1 印制电路板（PCB）的层叠

首先，设计人员需要确定 PCB 的最少层数并设置 PCB 的板层结构。下面是一些一般性的设计原则：

- 完成布局实验，并参考 DSP 提供的设计方案确定将信号从 DSP 布线引出所需的最少板层数。通常，DDR 布局指南所规定的 PCB 的板层数可以保证将所有的信号都引出 DSP。
- 要考虑到高速信号可能需要在地线层和电源层之间进行屏蔽。
- 是否有一些总线，如 USB、以太网和 RapidIO 对差分阻抗有严格的要求？如果是，则设计人员需要遵照工业标准控制这些总线的差分阻抗。
- PCB 生产厂家是否要求一定的走线宽度和走线间隔？这决定了是否可以将一条走线布放在小间距 BGA 封装的两个球形焊点之间。为了获得良好的信号完整性并尽可能减小趋肤效应产生的损耗，应将走线宽度限制在 4 ~ 12mil[㊀]之间。常见的做法是走线 5mil，间隔 5mil。
- 一个电源层和一个地线层是否够用？
- DSP 系统是否需要阻抗控制板？这种板的成本要高一些，但从信号完整性的角度来看，可以使 PCB 得到优化。

有两种常用的 PCB 层叠结构，电源层和地线层相邻以及电源层和地线层不相邻。图 10-1[1]示出了当采用电源层和地线层相邻结构的 6 层 PCB 实现设计方案时每层板可以做什么和不可以做什么。

㊀ $1\text{mil} = 25.4 \times 10^{-6}\text{m}$。

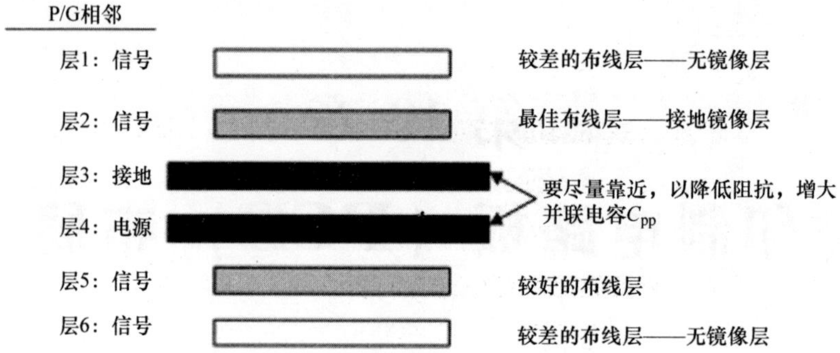

图 10-1　电源板和地线板相邻的板层结构

电源层和接地层之间的并联电容 C_{pp} 计算如下：

$$C_{pp} = k\frac{\varepsilon_r A}{d} \tag{10-1}$$

式中，k 为 0.2249in 或 0.884cm；ε_r 为介电常数，对于 FR4 型 PCB，ε_r 介于 4.1 到 4.7 之间；A 为电源板和地线板的面积；d 为电源板和地线板之间的距离。

使用这种结构时设计人员需要考虑以下几点：

- 电源板和接地板之间的距离 d 决定了板电容，如 C_{pp} 的公式所示，减小距离可以增加电容，也就减小了高频阻抗。限制因素在于如何在使板层紧密结合的同时保证设计的质量和可靠性。可以参考 PCB 制造商的说明书，以了解对板层之间最小距离的要求。

- 将高速信号在紧邻电源层和接地层的板层内布线。如有可能，将所有的高速信号都在紧邻接地层的板层内布线；如果不能，紧邻电源层进行布线也是可以接受的。

- 在图 10-1 中最好的布线层是层 2，这是由于该层紧邻接地层，从而提供了最优的电流回流路径，有助于降低辐射。这也是为什么对于工作在极高频率的 DSP 系统推荐采用电源层和地线层相邻的拓扑结构的原因。

- 电源层和地线层相邻的拓扑结构无法用于需要很多板层将信号引出 DSP 并与其他电路接口的 DSP 系统。

图 10-2[1] 给出了一个电源层与接地层不相邻的典型 PCB 板层结构。电源层和接地层分别安排在层 5 和层 2。层 3 是布放高速走线的最佳板层，而层 1、层 4 和层 6 也是可以接受的。如图 10-2 所示，每个布线层要么与接地层相邻，要么与电源层相邻，层 3 最佳是因为该层不仅与接地层相邻，同时还受到下面的电源层的保护。对于难以布线且工作频率不是非常高的 DSP 系统这一结构是最好的。有一点要记住，对于工作在 300MHz 以上的系统，板电容变得非常重要[2]。

以下是进行非相邻板层设计时应遵循的几项规则：

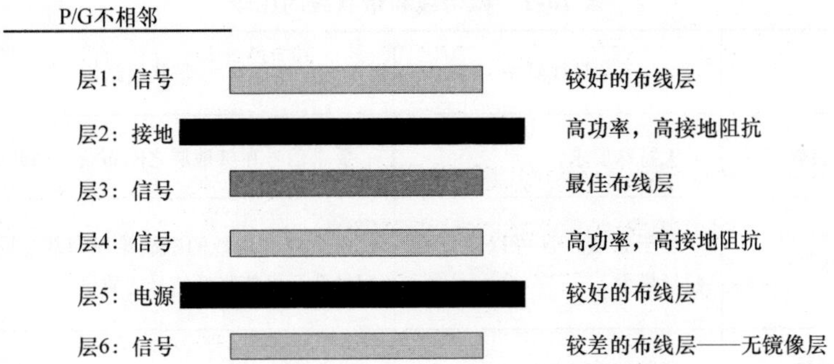

图 10-2　电源板和地线板不相邻的板层结构

- 对于非相邻结构，电容公式所示的板电容 C_{pp} 较小，则电源层和接地层之间的板阻抗较高。这与系统所要求的低噪声和低电磁干扰（Electromagnetic Interference，EMI）是背道而驰的。
- 这种结构要求更多的高频去耦电容对板特性进行补偿。

10.2　微带线和带状线

表 10-1 对比了两种主要的信号线布线技术的优缺点。微带线如图 10-3 所示，图 10-3 中 H 为高度；W 为信号线的宽度；$W1$ 为包括外边缘的宽度；T 为走线的厚度；ε_r 为介电常数。带状线如图 10-4 所示。

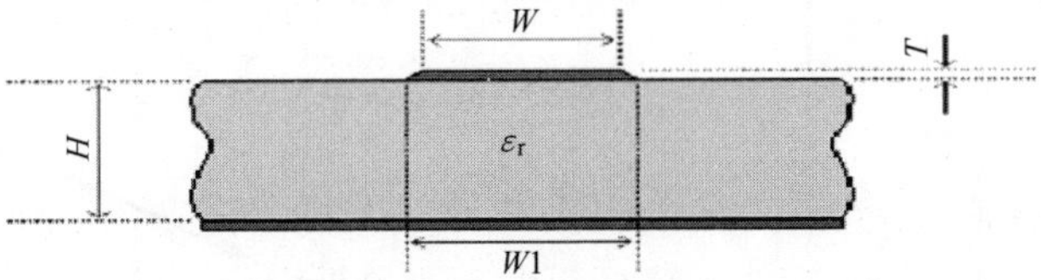

图 10-3　微带线结构

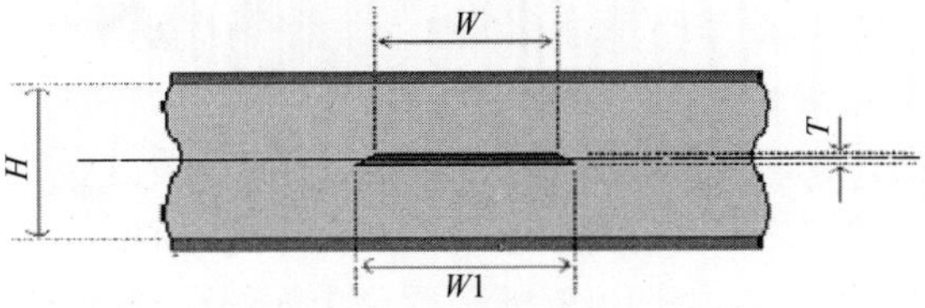

图 10-4　带状线结构

设计人员通常会折衷使用这两种结构，将一些重要的信号布线在接地层和电源层之间。

表 10-1 微带线和带状线的比较

	微带线结构	带状线结构
1. PCB 层数	无特殊要求	要求信号在接地层之间布线，因此成本更高
2. 可布线性	易于布线，且可以使过孔数量最少	由于 PCB 层数的限制难以布线。同时要求使用过孔，可能降低信号的质量
3. 信号质量	可以接受	非常好
4. EMI	可以接受但需要在布线层下有一个镜像层	非常好，由于高速信号被屏蔽在两个板层之间

10.3 镜像层

参考文献［3］将镜像层定义为信号走线层下面的接地层。这样就提供了一个屏蔽层，可以大大降低辐射发射，如图 10-6 所示。实际上，该系统最初并没有在 PCB 板层之间插入镜像层，如图 10-5 所示，系统 EMI 设计失败。

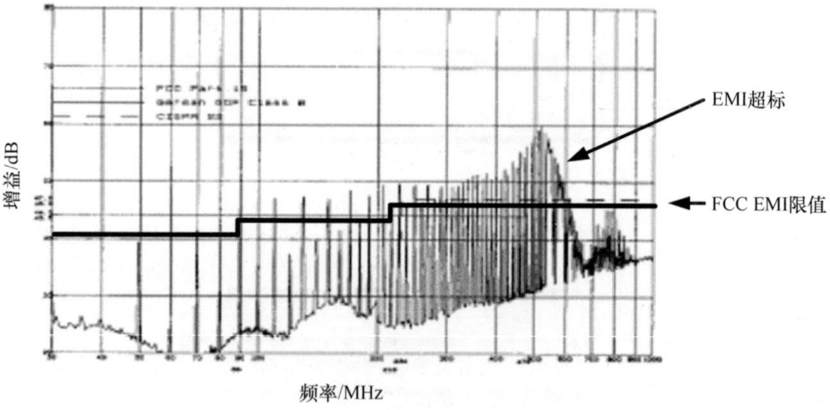

PCB的辐射发射

图 10-5 没有镜像层的辐射发射

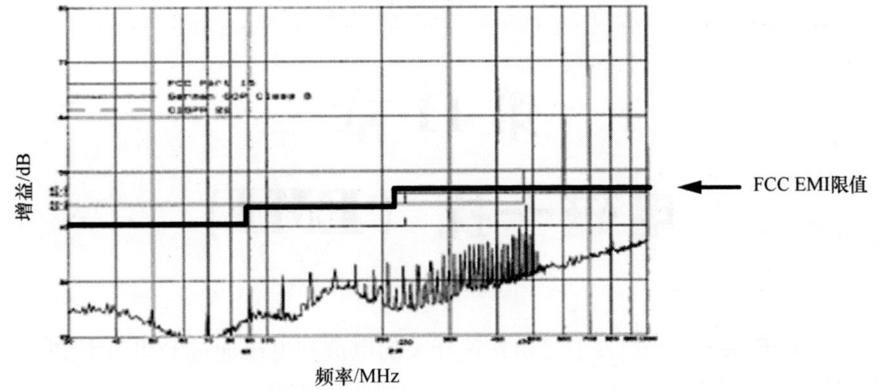

图 10-6　有镜像层的 PCB 的辐射发射

10.4　小结

PCB 的布线和板层结构对 EMI 影响很大，因此设计人员需要采取最有效的措施减小辐射发射。一个实例是应用镜像层，也就是紧邻信号层放置一个接地层，可以为高速信号提供一个电感值很低的电流回流路径。镜像层有助于减小电流环路的面积，最大限度地减小接地平面上的电位差。参考文献［3］中所进行的实验比较了有镜像层和无镜像层的 PCB 的 EMI，结果表明带有镜像层的 PCB 在频谱范围内 EMI 大约减小了 15dB。

参 考 文 献

[1] Montrose Mark (2000) Printed Circuit Board Design Techniques for EMC Compliance. The Institute of Electrical and Electronics Engineers, New York.

[2] Texas Instruments Inc (2000) Design Guidelines: Integrated Circuit Design For Reduced EMI. Application Note.

[3] Montrose Mark (1996) Analysis on the Effectiveness of Image Planes within a Printed Circuit Board. The Institute of Electrical and Electronics Engineers.

第 11 章

电磁干扰（EMI）

高速 DSP 系统的辐射发射是由快速开关的电流和电压通过 PCB 走线进行传输时引起的。随着 DSP 速度的提高，PCB 走线成为辐射能力更强的天线，这些天线辐射多余的能量对其他线路及附近的其他系统造成干扰。本节概述了降低 EMI 的设计方法，以及发生 EMI 问题时如何找到问题根本原因的方法。尽管可以借助屏蔽、电缆及其他机械安装将发射量减小到最大允许限值以下，但本章仅就 EMI 的电磁设计方面进行论述。一般说来，为体积较大的系统设计机械解决方案成本都比较高，更糟糕的是，当 DSP 速度提高时可能还要对机械方案做出改进。

11.1 FCC PART 15B 概述

为了防止系统之间相互干扰，FCC 设定了最大限值，用于商业产品的称为 FCC PART 15A，用于消费品的称为 FCC PART 15B[1]，如图 11-1 所示。

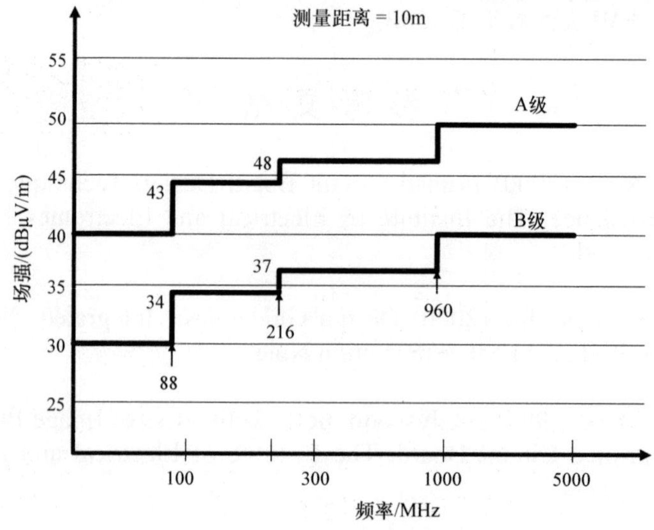

图 11-1　FCC 辐射发射限值

下面列出了在高速 DSP 中一些最常见的 EMI 来源：

- 高速开关的数字信号，如时钟、存储器总线、PWM（通常出现在开关电源中）
- 大电流的回流环路
- 在大型 DSP 周围没有设计合适的电源去耦方案
- 传输线
- PCB 的布局和板层结构，缺少电源层和接地层
- 意外发生的电路振荡

11.2　EMI 基本原理

辐射的五种主要来源包括数字信号在走线上传输、电流回流环路包围的区域、电源滤波不当或去耦不当、传输线效应、缺少电源层和接地层。

辐射被划分为两种形式，差模辐射和共模辐射。为了制定解决问题的有效方案，了解这两种模式之间的差异对工程师来说是非常重要的。在 DSP 系统中，所有的电流从电源传输到负载，再返回到最初的电源。这种机制形成了一个电流环路，从而产生了差模干扰，如图 11-2 所示[4]。

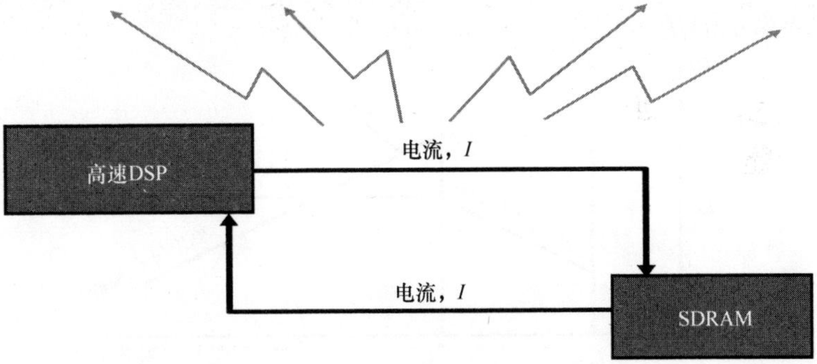

图 11-2　差模辐射

差模辐射与信号走线的长度、驱动电流以及工作频率直接相关。由差模干扰产生的电场为

$$E = 87.6 \times 10^{-16}[f^2 AI] \tag{11-1}$$

式中，f 为工作频率；A 为由走线长度和 PCB 板层形成的电流环路的面积；I 为电源驱动电流。

共模辐射是由接地层上两点之间的电压差值产生的，通常通过与 PCB 或底座相连的电缆产生辐射。理论上，100% 的电源电流都应返回到电源，但总有一小部分电流在找到返回电源的路径之前会遍布到整个 PCB，这部分电流导致地电位失衡并产生共模辐射，如图 11-3 所示[4]。

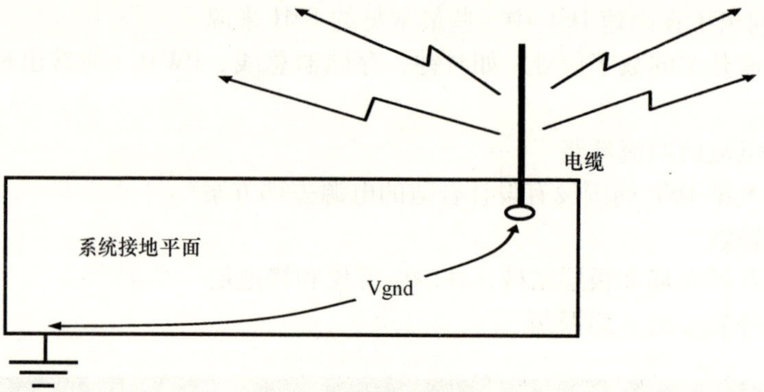

图 11-3　共模辐射

由共模辐射产生的电场与电缆传输的频率、电缆的长度以及驱动电缆的电流直接相关。在一个开放的场里计算共模辐射的公式如下：

$$E = 4.2 \times 10^{-7}[fLI] \tag{11-2}$$

式中，f 为频率；L 为电缆长度，单位为 m；I 为电源电流。

对于一个给定的信号，其共模辐射和差模辐射之间的关系如图 11-4 所示[4]。一般情况下，差模在较高的频率范围占主导地位，而共模在工作频率附近会辐射更多的能量。

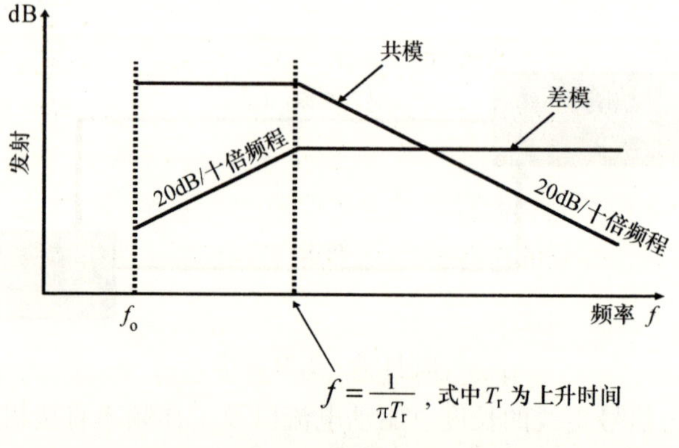

图 11-4　共模辐射和差模辐射的关系

11.3　数字信号

数字信号或方波信号是由一系列正弦和余弦信号叠加而成。在频域一个方波是由许多高频谐波组成的，谐波的辐射能量直接取决于信号的上升时间和脉冲宽度，如图 11-5 所示。

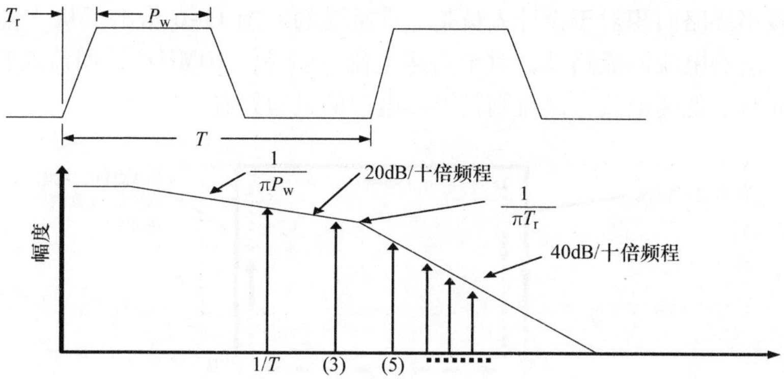

图 11-5　方波的频谱

在图 11-5 中假设信号的占空比为 50%，则只出现奇次谐波，谐波的幅度随着频率的增加缓慢衰减。第一个极点的频率为

$$f_{-3\mathrm{dB}} = \frac{1}{\pi P_{\mathrm{w}}} \tag{11-3}$$

第二个极点位于

$$f_{-3\mathrm{dB}} = \frac{1}{\pi T_{\mathrm{r}}} \tag{11-4}$$

式中，P_{w}和 T_{r}分别为信号的宽度和上升时间。因此，增加上升时间可以增大谐波的衰减，进而降低辐射。然而这一方法并不总是可行的，这是由于较慢的上升时间会减少时间裕量，可能无法满足像建立时间和保持时间这样的电气要求。

尽可能减小数字信号产生的 EMI 的最佳方法是尽可能缩短高速信号的走线。检查设计方案并分析走线，看看走线是否变成了有效天线，这对工程师而言是一个好方法。一个非常有效的经验法则是确保走线的长度小于波长（λ）除以 20。公式如下：

$$\text{max\_trace\_length} = \frac{\lambda}{20} = \frac{c}{20f} \tag{11-5}$$

式中，c 为光速，$c = 3 \times 10^8 \mathrm{m/s}$；$f$ 为频率。

例如，当一条 1.18in 的走线被一个 500MHz 的信号驱动时，就会成为一个有效的辐射源。500MHz 信号是一个 100MHz 时钟的 5 次谐波，在当前的 DSP 系统中这是一个非常常见的频率。

11.4　电流环路

电流环路是 EMI 的主要来源，为此了解高速和低速电流的回流路径，优化设计以减小环路面积对于设计人员是非常重要的。图11-6给出了从A点到B点的两条可能的电流回流路径，对于高速电流（频率>10MHz），回流就在信号的下面；而对于低速电流，回流则是返回电源的最短路径。

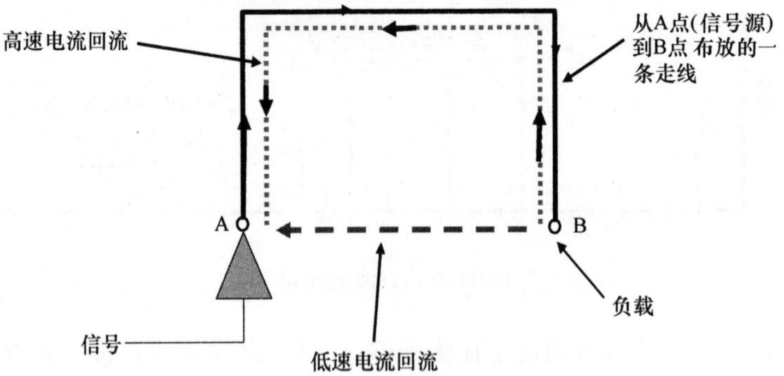

图11-6 高速电流环路和低速电流环路

如图11-7所示[6]，电流回流形成的环路面积直接关系到辐射的电场，因此减小环路面积就可以降低辐射。趋肤效应改变了一个导体内的电流分布，增加了电阻，因此高速电流的回流就在信号的下面。低频时趋肤效应可以忽略，但随着频率增加，趋肤效应也不断增强。对于DSP系统中常用的导线，10MHz及以上的走线就被视为高频信号。在高速信号下放置一个连续的接地平面是实现最小电流环路面积的最有效方法。

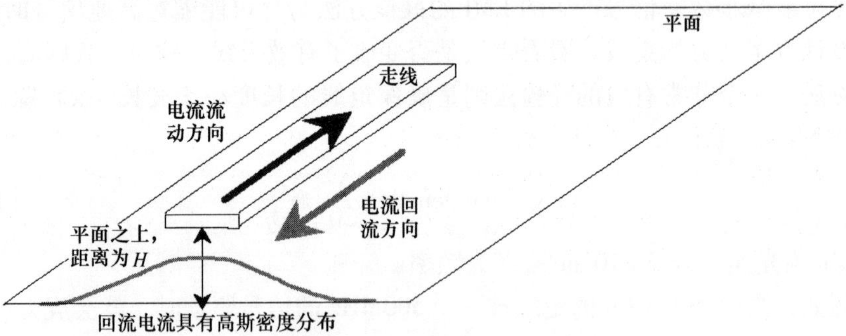

图11-7 高速电流在连续的接地平面上回流

如果在高速信号下的接地平面是不连续的，所有的串扰、反射和EMI都会由于阻抗不匹配以及电流环路面积增大而增大，如图11-8所示[6]。

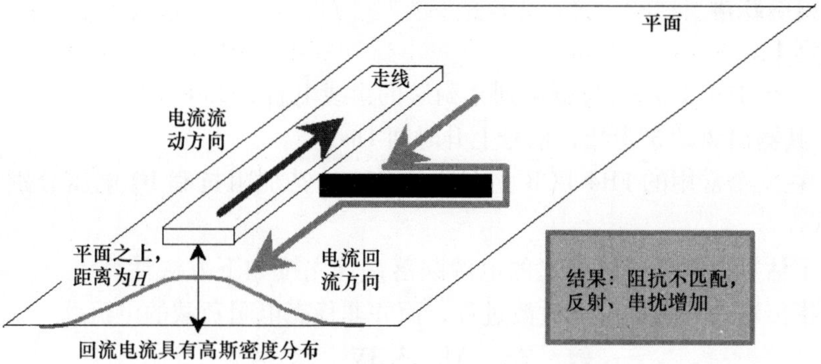

图 11-8　高速电流在一个不连续的接地平面上回流

11.5　电源

电源是 EMI 的另一个主要来源，这是因为：

• 在一个设计方案的许多高速模块中都有电源。射频信号可能从一个模块传播到另一个模块，同时产生很大的 EMI。

• 一个开关电源会产生高速的电流过渡过程，并产生大量的辐射能量。一个 1MHz 的开关电源所辐射的能量足够导致在 100MHz 的频率范围内无法通过 EMI 测试。

• 电源去耦不当可能导致在电源板和走线上出现剧烈的电压过渡过程。

• 电源板的布局也可能成为产生振荡的根源。

如图 11-9 所示，电源去耦减弱了过渡过程，减小了电流环路面积。如果图 11-9中的电源走线很长且没有去耦电容，则寄生电感就会很大，会需要更多的时间来充电。这个延时就会成为电源跌落的根源。由于位于电源和 DSP 之间的寄生电感变成了开路，当输出缓冲器快速开关却缺少驱动负载所需的电流时就

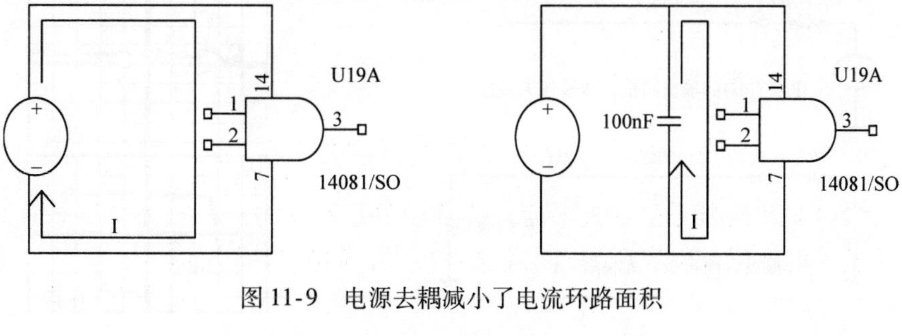

图 11-9　电源去耦减小了电流环路面积

会发生电源跌落。

实例 1：

- 一个 DSP BGA（球栅阵列）封装的走线电感为 1.44nH；
- 其输出驱动 3″走线，信号上升时间 1ns；
- 在一个常用的 FR4 PCB 上布线。走线的特征阻抗和 IO 电压分别为 68Ω 和 3.3V。

为了估算由寄生电感引起的电源跌落，首先按如下方法估算电流。动态 IO 电流是指传输线负载的电流过渡过程，而并非稳态电阻负载的电流。

$$I(peak)=\frac{\Delta V}{Z_O}=\frac{3.3\text{V}}{68}=48.5\text{mA}$$

由于封装电感为 1.44nH，1ns 的信号上升时间，则内部的电源跌落为

$$V(droop)=L\frac{\mathrm{d}I}{\mathrm{d}t}=(1.44\text{nH})\frac{48.5\text{mA}}{1\text{ns}}=70\text{mV}$$

一般情况下，一个 DSP 的电源引脚会与多个输出缓冲器相连，这样就会形成更大的跌落并产生更高的辐射。这也有助于解释为什么在低 EMI 设计中需要很好地解决电源去耦问题。

11.6 传输线

为了减轻传输线效应，应使用仿真工具对串联端接电阻进行微调，以消除在传输线章节中所讲述的由于阻抗不匹配引起的过冲和下冲。完善信号完整性设计有助于减小 EMI。但是如果要使 EMI 最小化，在不违反交流时序的前提下应使串联端接电阻尽可能大。图 11-10 所示的并联端接电阻通常用于射频设计和模拟设计，但由于 50Ω 电阻消耗了大量的直流电流，这种方法对于数字信号并不实用。如果需要进行并联端接，则应像传输线章节中所讲的那样，用一个隔直电容与电阻串联。

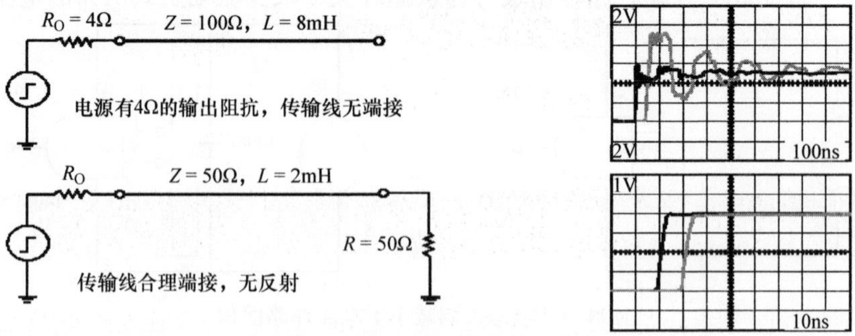

图 11-10　有端接和无端接的传输线

表 11-1[1]给出了串联端接电阻取不同值时的电源电流。电阻值从 10Ω 变化到 39Ω 对波形的影响并不大，参考文献［5］表明大约有 1ns 的性能恶化，但电源电流却急剧减小，从而大大降低了辐射发射。图 11-11 是一个 DSP 板，存储器时钟增加了一个 47Ω 的串联电阻，与没有端接时的信号发射相比减小了 3dB 的辐射发射。

总之，如果可以采用上升时间较慢的信号，且不违反交流时序要求，从 EMI 的角度出发，为了优化设计，设计人员应该使用尽可能大的电阻对高速信号进行端接。

表 11-1　不同串联端接时的电源电流

串联端接电阻的电阻值	电源电流峰值
10Ω	~40mA
22Ω	~10mA
25Ω	~5mA
30Ω	~10mA
33Ω	~9mA
39Ω	~8mA

图 11-11　带端接时钟的 DSP 板

11.7　电源层与接地层

对于高速 DSP，如果不采用多层 PCB 并将某些层专门用作电源层和接地层，要满足 EMI 规定已经变得越来越困难。与走线相比，电源层或接地层的寄生电感较小，可以为高速信号提供屏蔽。电源层和接地层也可以提供天然的去耦电容。如本书在 PCB 布局一章中所述，当电源层和接地层在空间上非常接近时，就会形成天然的去耦电容，并产生较大的容值。这种效果在速率为 300MHz 及以上的系统中显得尤为重要。因此，增加电源层和接地层可以简化 PCB 布局，并减少 DSP 要求的高频去耦电容的数量。

PCB 要考虑的另一个重要问题是板层的划分。参考 PCB 布局的章节，即第 10 章，为应用对象确定最佳的 PCB 板层结构。要记住在高速信号层下直接增加一个接地层可以形成一个镜像层，提供最短的电流回流路径。参考文献［2］和参考文献［3］中的研究表明镜像层大大减少了辐射发射。带有镜像层和没有镜像层的 PCB 的比较如图 11-12 和图 11-13 所示。

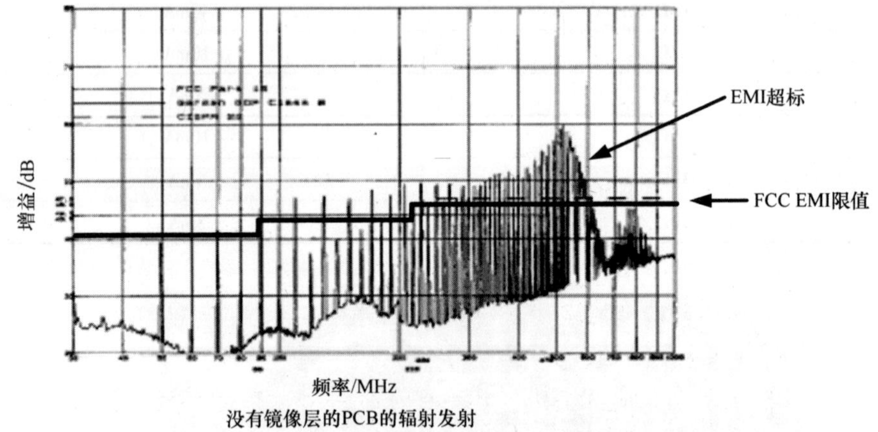

图 11-12　没有镜像层的辐射发射

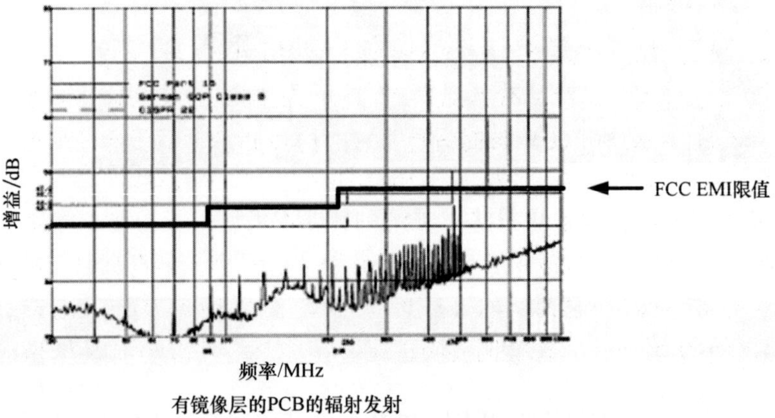

图 11-13　带有镜像层的辐射发射

11.8 小结：EMI 抑制方案

综上所述，以下是实现低 EMI 系统设计的一些基本原则：

- 如有可能增加一个镜像层。
- 如果在布线层上还有空间，要建立接地层，将接地区通过过孔与接地层相连。创建一个四分之一英寸的过孔网格是一种理想的做法。
- 如有可能给高速信号增加防护布线。
- 如果时序不是关键问题，可以减缓信号的上升时间。通过在高速总线上添加串联端接电阻可以实现这一目的，为了优化信号完整性和 EMI，还可以对电阻做进一步微调。串联端接电阻减小了电源电流，增加了信号上升时间，同时减小了传输线效应。采用这种方法可以以较低的成本取得显著的效果。
- 尽可能减小电流环路，添加尽可能多的去耦电容。应利用电流回流规则减小环路面积。
- 高速信号要远离其他信号，特别要远离输入输出端口或连接件。
- 避免将接地平面隔离。如果出于性能方面的原因要求这样做，例如像音频 ADC 和 DAC，则应利用电流回流规则将这些地连接在一起。
- 避免将分割的接地区域与铁氧体磁珠相连。高频时铁氧体磁珠的阻抗很高，会在接地平面之间造成较大的地电位差。
- 采用多种不同容值的去耦电容，要注意每个电容都有一个自谐振频率。更多内容请参考有关电源去耦技术的章节。
- 关于 PCB 的板层结构，应添加尽可能多的电源层和接地层。令电源层和接地层彼此相邻，以确保实现低阻抗的板层结构或具有较大天然电容的板层结构。
- 在所有的信号离开或进入箱体时增加一个 EMI PI 型滤波器。
- 如果系统没能通过 EMI 测试，可以通过追踪失败频率到其源头找到 EMI 的来源。例如，假设在 300MHz 时设计失败，但在 PCB 上并没有任何信号工作在这一频率，则其源头很有可能是一个 100MHz 信号的三次谐波。
- 确定失败的频率是共模形式的还是差模形式的。移走所有与箱体连接的电缆，如果辐射发生改变就是共模的，否则就是差模的，然后到时钟源处利用端接技术或去耦技术减小辐射。如果是共模辐射，应在输入端和输出端增加 PI 型滤波器。给电缆增加一个共模扼流圈也是一个能够有效减小 EMI 的做法，但成本较高。

参考文献

[1] Federal Communication Commission (2005) Unintentional Radiators, Title 47 (47CFR), Part 15 B.
http://www.fcc.gov/oet/info/rules/part15/part15-91905.pdf.

[2] Montrose Mark (2000) Printed Circuit Board Design Techniques for EMC Compliance. The Institute of Electrical and Electronics Engineers, New York.

[3] Montrose Mark (1996) Analysis on the Effectiveness of Image Planes within a Printed Circuit Board. The Institute of Electrical and Electronics Engineers.

[4] Ott Henry (1988) Noise Reduction Techniques in Electronic Systems. Prentice-Hall, New Jersey.

[5] Johnson, H, Graham, M (2003) High-Speed Signal Propagation. Prentice-Hall, New Jersey.

[6] Renolds J (2003) DDR PCB Routing Tutorial. Texas Instruments Inc Tutorial.